U0223553

国家科学技术学术著作出版基金资助出版

大数据支持的灾害社会影响评估

曾庆田　赵　华　段　华　林泽东　著

科学出版社

北　京

内 容 简 介

灾害社会影响评估是灾害损失评估的一项重要内容,是政府制定灾后社会恢复和居民生活恢复等政策的重要依据。本书在介绍了灾害和灾害评估相关概念及理论的基础上,详细阐述了大数据环境下开展灾害社会影响评估的主要技术及方法,主要包括灾害大数据来源及其获取技术、受灾群体的移动行为分析、大规模群体行为相似度计算、面向互联网灾害社会影响信息抽取、灾害的互联网公众关注度分析、灾害的互联网关注内容焦点分析及灾害的社会心理影响分析等,构建了大数据支持的灾害社会影响评估模型,设计实现了灾害社会影响动态评估系统。

本书以管理科学与工程、计算机科学与技术、系统科学、软件工程等学科相关专业的高年级本科生和研究生为读者对象,也可为上述学科的相关科研人员和教师提供参考。

图书在版编目（CIP）数据

大数据支持的灾害社会影响评估 / 曾庆田等著. —北京：科学出版社，2022.8

ISBN 978-7-03-071602-6

Ⅰ. ①大… Ⅱ. ①曾… Ⅲ. ①灾害管理 – 社会影响 – 研究 Ⅳ. ①X4

中国版本图书馆 CIP 数据核字（2022）第 029941 号

责任编辑：陶 璇 / 责任校对：王晓茜
责任印制：张 伟 / 封面设计：无极书装

科 学 出 版 社 出版
北京东黄城根北街 16 号
邮政编码：100717
http://www.sciencep.com

北京建宏印刷有限公司 印刷
科学出版社发行 各地新华书店经销
*
2022 年 8 月第 一 版 开本：720 × 1000 B5
2023 年 1 月第二次印刷 印张：13 1/2
字数：268 000

定价：138.00 元
（如有印装质量问题，我社负责调换）

前　言

灾害是由于自然因素或者人为因素能够给人类和人类赖以生存的环境造成破坏性影响的事物的总称。近年来，伴随着全球人口的不断增长、科学技术的不断进步、社会经济结构的不断调整、生态环境的不断改变，各种灾害事件时有发生。灾害造成的经济和社会损失呈明显上升趋势，给社会稳定和人类的生命和财产安全带来前所未有的影响。

灾害给人们带来的不仅是突发的、短期的生命财产损失等经济影响，还会带来一系列隐性的、短期或长期的社会影响。对灾害造成的损失进行正确评估是进行灾后救援和重建的关键环节，是全面反映灾害态势，确定减灾目标，优化防灾、抗灾、救灾措施，评价减灾效益，制定和完善减灾政策等工作的基础依据。但是目前社会各界往往侧重研究灾害造成的经济损失尤其是直接经济损失，对灾害的社会影响评估关注不够。然而，灾害社会影响是灾害损失评估的一项重要内容，是政府制定灾后社会恢复和居民生活恢复等政策的重要依据。为此，如何快速全面地开展灾害的社会影响评估，成为各级灾害管理部门应急决策过程中亟须解决的重要问题。

同时，随着互联网、移动通信、物联网、智能终端等相关科学和技术的发展，人类社会已经进入“大数据”时代。大数据给许多科学研究带来机遇的同时也带来了巨大的挑战。灾害管理的诸多环节，如灾害监测、灾害预警、灾害应急、灾后重建等各个环节都会产生大量数据，形成灾害大数据。这些灾害大数据，为灾害社会影响评估提供了新资源、新维度和新视角，同时人工智能技术尤其是大数据挖掘技术为灾害社会影响的动态、定量、可视化评估奠定了基础。

综上，大数据支持的灾害社会影响评估方法非常有必要。通过研究面向灾害社会影响评估的数据挖掘技术，积极探索大数据支持下灾害社会影响评价体系与模型构建方法，设计基于大数据挖掘结果的更为全面、更为客观、更为直观的灾害社会影响评估框架，探索实现数据支撑和智能保障的灾害社会影响评估方法，并积极探索与灾害经济损失评估、救助需求评估、灾后重建评估整合的方法，以便更好地为灾害应急决策提供多方面的支持。

本书共包含 11 章，各章的内容安排如下。

第 1 章详细介绍了灾害相关概念，包括灾害属性、自然灾害的特点、灾害分类体系、灾害链等，同时给出了本书使用到的典型灾害实例。

第 2 章从灾害风险评估、灾害损失评估、灾害管理评估几个方面阐述了灾害评估的国内外研究现状及基本方法，同时总结了现有的灾害评估系统。

第 3 章首先描述了灾害大数据的相关概念，包括大数据的起源和发展、大数据基本特征、大数据处理技术等内容，分析了灾害大数据的来源及其特性，详细阐述了用于灾害社会影响评估的灾害大数据及其获取方法，为大数据支持的灾害社会影响评估奠定了数据基础。

第 4 章详细介绍了大数据支持的受灾群体移动行为分析方法，主要针对出行规律、热点区域、热点轨迹和出行流量分布等四个方面展开研究，展示了灾害对群体移动行为的影响。

第 5 章主要研究了大规模群体行为相似度计算方法，提出了基于指派问题的用户相似度计算方法、基于序列移动距离的用户相似度计算方法和支持位置语义度量的用户相似度计算方法。

第 6 章主要阐述了面向互联网的灾害社会影响信息抽取（ information extraction，IE）方法，主要包括基于模式匹配的灾害社会影响传统指标抽取方法、基于图模型和语义空间的关键词抽取方法。

第 7 章分别从时间关注度、地理空间关注度和网络空间关注度三个方面阐述了大数据支持下的灾害公众关注度，并归纳了灾害网络公众关注度演化影响因素。

第 8 章探索实现了用不同的方法来获取灾害的民众关注焦点。第一种方法是在构建主题词共现网络的基础上，通过关键词聚类得到民众关于灾害的关注焦点。第二种方法首先将民众的评论数据按照时间划分为不同的分组，然后引入潜在狄利克雷分布（ latent Dirichlet allocation，LDA）主题模型分析不同分组的主题，用以代表民众的关注焦点。

第 9 章引入情感分类技术，将网络文本大数据中体现出的情感倾向作为对灾害社会心理影响的度量方法，并设计实现了基于情感词典的情感分类方法，实现了对灾害社会心理影响的量化计算。

第 10 章综合了传统评估指标和基于大数据支持的评估指标，设计了基于神经网络的灾害社会影响动态评估模型，详细阐述模型的构建方法和评估过程，并给出了评估结果。

第 11 章将上述各章的研究成果进行集成，设计并实现了大数据支持的灾害社会影响动态评估系统。

本书由山东科技大学安全态势感知与智能决策团队的曾庆田教授、赵华副教授、段华教授、林泽东高级工程师共同撰写，其中，第1、2、4章由曾庆田编写，第3、7、9章由赵华编写，第6、8、10章由段华编写，第5、11章由林泽东编写。团队的温彦副教授、郭文艳博士，博士生程成、曹蕊，硕士生马立健等参与了本书的文字校稿和原型系统的实现等相关工作。本书的部分内容包括了团队部分研究生的学位论文工作，包括硕士生刘里、王飞剑、赵克、孙冰杰、戴明弟等，在此对大家的工作付出一并表示感谢。在本书的撰写过程中，中国科学院计算技术研究所的蒋树强研究员、同济大学的程久军教授及北方工业大学的赵卓峰研究员提出了许多宝贵意见，在此表示感谢。

本书在撰写过程中参阅了大量国内外相关文献，书中可能没有一一列出，向国内外相关文献的作者表示感谢。

本书的研究成果得到了国家自然科学基金（项目编号：61472229 和71704096）、教育部人文社会科学研究项目（项目编号：18YJAZH017）、山东省重点研发计划项目（项目编号：2016ZDJS02A11）、山东省泰山学者特聘专家支持项目（项目编号：ts20190936）等的联合资助。本书的出版得到了国家科学技术学术著作出版基金的资助。

我们虽然尽最大努力来保证本书质量，但由于撰写的时间仓促，以及作者的水平有限，书中如有疏漏或任何不当之处，望广大读者指正，我们将及时改正。

目　　录

第1章 灾害及其分类体系

我国是一个疆域辽阔、自然条件复杂的大国，仅陆地面积就达到 960 多万平方千米，加上海域面积达到 1430 多万平方千米。如此辽阔的疆域，再加上其复杂的地形、多样的气候、错综复杂的板块结构等特点造成了我国自然灾害多样、灾情严重等问题。同时，伴随着人类对资源的开发，环境破坏导致的灾害也逐渐频繁发生。在此背景下，众多研究者对灾害进行了深入的研究。本章对灾害相关概念进行详细介绍。

1.1 灾 害

人类虽然遭受过无数次痛苦不堪的灾害，但要给灾害下个明确的定义却非易事。通常而言，灾害是指能够对人类和人类赖以生存的环境造成破坏性影响的事物的总称。灾害可以扩张和发展，最终演变成灾难，如传染病的大面积传播和流行、计算机病毒的大面积传播即可酿成灾难。

而在学术界，现有的关于灾害的定义有以下几个。

（1）宋乃平（1992）认为，从狭义上来讲，灾害是指给人们造成生命、财产损失的一种自然事件，而且多属于突发性的。从广义上讲，一切对人类繁衍生息的生态环境、物质和精神文明建设与发展，尤其是生命财产造成危害的天然的和社会的事件均可被称为灾害。

（2）张波等（1993）则认为灾害是指危害人类生产、生活、生存的异常现象和过程。

（3）罗祖德和于川江（2015）将灾害定义为自然原因或者人为原因对能够给人类和人类赖以生存的环境造成破坏性影响的事物总称。

上述几种常见的定义从不同的方面对灾害的概念展开了讨论，从中可以看出，不同定义中都描述的灾害的共性：给人类造成一定的损害。而在本书中，我们将灾害定义为能给人们的生产和生活造成重大不良影响的一切事件。

传统研究中，研究学者们认为灾害由灾害源和承灾体两部分组成。灾害源（disasters source）即灾害的行动者，在有的场合下，又称为致灾因子（hazard factor）。承灾体又称为受灾体（object of hazard effect），是指直接受到灾害影响和损害的人类社会主体，包括人类本身和社会发展的各个方面，如工业、农业、能源、建筑业、交通、通信、教育、文化、娱乐、各种减灾工程措施及生产、生活服务设施，以及人们所积累起来的各种财富等。一般情况下，灾害源作用于承灾体，产生各种灾害后果。对灾情的分析不仅要考虑承灾体的物理损失，还要考虑给承灾体带来的社会方面的综合影响和破坏。

2019 年，范维澄院士提出了"三元社会"的概念（范维澄，2020；范维澄和翁文国，2019）。其中第一元是指传统意义上的用来描述灾害的物理事件、物理要素等，如一个地震的伤亡人数、倒塌房屋数。第二元是指网络世界，目前，随着 Web 2.0 技术的快速发展，灾害一旦发生，很快便会引起网络舆情的变化。而第三元是指心理行为世界，即灾害相关信息广泛地传播，会使人的心理或者行为发生变化。"三元社会"从物理世界、网络世界和心理行为世界来完整地描述一个灾害。

本书在进行灾害社会影响评估时充分考虑了"三元社会"的影响因素，具体如图 1.1 所示。

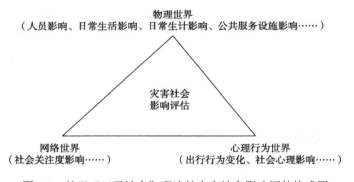

图 1.1 基于"三元社会"理论的灾害社会影响评估构成图

1.2 灾 害 属 性

近年来，一系列的灾害（突发事件）表明，我国进入了灾害频发的历史阶段，灾害造成的损失呈明显上升趋势（许闲和张彧，2017），给社会稳定和人类的生命、生产、安全和发展带来前所未有的影响。灾害，从空间上看，是一个事件，有外在的表现特征和内在机理特征；从时间上看，是一个过程，有一定的发生发展特征。

具体来讲，灾害具有以下几个方面的基本属性（张国庆，2017；孙峥，2008）。

（1）有害性。这是灾害首要的、不言而喻的特征。有些灾害，不但具有有害性，而且具有极大的危险性，对人类、对局部生态系统，甚至对整个地球生态系统造成毁灭性的破坏。灾害的有害性，使人类生命、财产遭到巨大损失。灾害破坏了人类的生存环境，甚至毁灭了人类文明，延缓了人类社会发展进程。

（2）自然性。灾害的自然属性主要表现在灾害源上。如果把灾害从孕育到灾害发生、灾害救治、灾后恢复当作一个整体，显然，灾害是一个典型的系统，是属于自然社会系统的一个子系统，其发生发展都遵从一定的自然规律。灾害的自然性表明，灾害是自然社会系统固有的一种自然现象，不会因为人类存在而存在，也不会因为没有人类而消失。在人类社会出现之前，灾害活动则只是整个宇宙中的一种天文现象，只表现出其物理属性。

（3）社会性。灾害的社会性是指灾害对人类社会生活，尤其是对社会经济活动的影响程度，一般称之为成灾程度，通常由价值或货币指标表示（杜一，1988）。灾害的社会属性近年来引起了研究者的广泛关注。例如，罗元华（1997）指出灾害的社会属性主要表现为全民性、同步性、双重性、破坏性、恐慌性等五个方面；马德富和刘秀清（2007）指出在现代社会条件下，自然灾害中的人为因素越来越突出，即表现出越来越明显的社会属性，并从自然灾害的原因、自然灾害的影响及自然灾害的预防三个方面阐述了灾害的社会属性；伍国春（2012）指出灾害的社会属性是通过社会系统表现出来的；张建忠等（2013）将预报、组织预防和基础设施保障定义为灾害的社会属性。灾害的社会属性是双向的，即灾害会对人类社会产生一定的影响，反过来，人类活动也会给灾害的发生带来一定的影响。

（4）突发性。灾害的发生过程有长有短，短则几分钟、几秒钟，如地震、爆炸事故；长则几小时、几天、几个月、甚至几年，如农业生物灾害发生过程可长达几个月，而土地沙化、耕地退化则可长达几十年。虽然灾害的发生过程长短不一，但是其带来的危害都是猝不及防的。

（5）随机性。灾害的随机性是指灾害的发生及其要素（灾害发生的时间、地点、强度、范围等因子）"似乎"是不能事先确定的。"似乎"的原因是指灾害本身的发生发展过程是具有规律性的，是可以理解的，不是"绝对"随机的，只是由于人类目前对灾害还不完全了解，不能对灾害的发生进行准确预报，在此意义上，灾害对人类来说是随机的。但是，在灾害的随机性中蕴含着可预测性、可控制性。

（6）区域性。灾害的区域性是指灾害发生范围的局限性。从空间分布来看，任何一种灾害，其发生和影响的范围都是有限的。

（7）群发性。灾害的群发性是指灾害的发生往往不是孤立的。它们常常在某一时间段或某一地区相对集中出现，形成众灾重生的局面，甚至以灾害链的方式发生。

1.3 灾害分类体系

灾害的分类是灾害学研究的一项重要研究内容，目前仍不存在一个统一的分类方法（胡秀英等，2012）。例如，卜风贤（1996）根据灾害发生的原因可以将灾害划分为自然灾害、社会灾害及天文灾害；宋乃平（1992）将自然灾害分为气象灾害、海洋灾害、洪水灾害、地质灾害、地震灾害、农作物灾害、森林灾害等七大类。张波等（1993）认为可以根据灾象、灾情、灾理等因素对复杂的灾害领域分门别类，并将农业灾害分为农业气象灾害、农业生物灾害、农业环境灾害及农业社会灾害（人为农业灾害）。杜一（1988）则研究了人为灾害的分类，指出人为灾害主要是指由人为因素引发的灾害，主要可以分为自然资源衰竭灾害、环境污染灾害、火灾、交通灾害、人口过剩灾害及核灾害等。以上关于灾害分类的研究从不同的方面对灾害进行了分类，从而提出了不同的分类体系。

2012年10月，国家质量监督检验检疫总局和国家标准化管理委员会共同发布了由民政部国家减灾中心牵头起草的国家标准《自然灾害分类与代码》（GB/T 28921—2012），将自然灾害分为气象水文灾害、地质地震灾害、海洋灾害、生物灾害和生态环境灾害5大类40种自然灾害，具体如表1.1所示。

表 1.1 自然灾害分类与代码

大类（代码）	小类（代码）
气象水文灾害（010000）	干旱灾害（010100）、洪涝灾害（010200）、台风灾害（010300）、暴雨灾害（010400）、大风灾害（010500）、冰雹灾害（010600）、雷电灾害（010700）、低温灾害（010800）、冰雪灾害（010900）、高温灾害（011000）、沙尘暴灾害（011100）、大雾灾害（011200）、其他气象水文灾害（019900）
地质地震灾害（020000）	地震灾害（020100）、火山灾害（020200）、崩塌灾害（020300）、滑坡灾害（020400）、泥石流灾害（020500）、地面塌陷灾害（020600）、地面沉降灾害（020700）、地裂缝灾害（020800）、其他地质灾害（029900）
海洋灾害（030000）	风暴潮灾害（030100）、海浪灾害（030200）、海冰灾害（030300）、海啸灾害（030400）、赤潮灾害（030500）、其他海洋灾害（039900）
生物灾害（040000）	植物病虫害（040100）、疫病灾害（040200）、鼠害（040300）、草害（040400）、赤潮灾害（040500）、森林/草原火灾（040600）、其他生物灾害（049900）
生态环境灾害（050000）	水土流失灾害（050100）、风蚀沙化灾害（050200）、盐渍化灾害（050300）、石漠化灾害（050400）、其他生态环境灾害（059900）

本书开展的灾害社会影响评估方法并不针对某一特定类型的灾害，本书致力于研究不同灾害类型都能通用的灾害社会影响评估方法。

1.4　自然灾害的特点

我国是世界上自然灾害较为严重的国家之一。概括来讲，我国的自然灾害具有以下几个特点。

（1）自然灾害种类繁多，且具有一定的联系。由于地理位置、地貌类型、地质构造等影响，我国自然灾害多种多样，主要包括洪涝、干旱灾害，台风、冰雹、暴雪、沙尘暴等气象灾害，火山、地震、山体崩塌、滑坡、泥石流等地质灾害，风暴潮、海啸等海洋灾害，森林草原火灾和重大生物灾害等。这些自然灾害间是相互联系、相互影响的。首先，自然灾害在空间区域上具有一定的联系性，比如，南美洲西海岸发生厄尔尼诺现象，有可能导致全球气象紊乱；美国排放的工业废气，常常在加拿大境内形成酸雨。其次，自然灾害成因上具有一定的联系性，某些自然灾害可以互为条件，形成灾害链，如台风—暴雨—洪涝—滑坡、地震—火灾等。具体地，灾害链可以分为因果链、同源链、互斥链和交叉链等多种类型。

（2）自然灾害分布地域广，且具有一定的区域性。一方面，我国幅员辽阔，各地自然环境复杂。不管是海洋还是陆地，地上还是地下，城市还是农村，平原、丘陵还是山地、高原，都有可能发生自然灾害，可见自然灾害的分布范围很广。另一方面，自然地理环境的区域性又决定了自然灾害的区域性，如我国南方春汛、夏汛明显，而北方经常出现低温雪灾。

（3）自然灾害发生频率高，且具有一定的不确定性。我国自古以来自然灾害发生频率高，为世界上自然灾害发生率较高的国家之一。《2021 中国生态环境状况公报》数据显示，2021 年，我国共发生 5.0 级以上地震 37 次（大陆地区 20 次，台湾及周边海域 17 次），地质灾害 4772 起，全国主要林业有害生物发生面积 1255.37 万公顷，发生森林火灾 616 起，全国草原有害生物危害面积 5179.95 万公顷。自然灾害发生时间、地点和规模等具有一定的不确定性，这很大程度上增加了人们抵御自然灾害的难度。

（4）自然灾害影响严重，同时具有不可避免性和可减轻性。首先，自然灾害通常会造成严重的损失。《2021 年中国海洋灾害公报》数据显示，2021 年，我国海洋灾害以风暴潮、海浪和海冰灾害为主，共造成直接经济损失 307 087.38 万元，死亡失踪 28 人。其次，由于人与自然之间存在着矛盾，只要地球在运动、物质在变化，自然灾害就不可能消失，从这一点看，自然灾害是不可避免的。然而，随着科学技术的不断发展，人类可以在越来越广阔的范围内进行防灾减灾，通过采取避害趋利、除害兴利、化害为利、害中求利等措施，最大限度地减轻灾害损失，从这一点看，自然灾害又是可以减轻的。

1.5 灾 害 链

许多灾害，特别是等级高、强度大的灾害发生后，常常诱发出一连串的次生、衍生灾害，此即灾害的连锁性。这一连串灾害就构成了灾害链，灾害一旦以链式发生，会对灾害监测、灾害预警、灾害救援、灾后恢复等环节带来更大的挑战。灾害链可以分为表1.2所示的五类。

表 1.2   灾害链分类

类型	描述
因果型灾害链	相继发生的灾害之间有成因上的联系，如地震之后引起瘟疫、旱灾之后引起森林火灾等
同源型灾害链	相继发生的灾害是由共同的某一因素引起或触发的，如太阳活动高峰年，心脏病人死亡多、地震也相对多，这两种灾害都与太阳活动这个共同因素相关
重现型灾害链	同一种灾害二次或多次重现的情形，如大地震后的余震等
互斥性灾害链	某一种灾害发生后另一灾害就不再出现或者减弱，如历史上曾有"大雨截震"的记载
偶排型灾害链	一些灾害偶然在相隔不长的时间内在靠近的地区发生

1.6 典型灾害实例

随着现代人类社会生产和生活活动的增加，人类对自然环境产生的不协调影响急剧增加，其结果使得自然灾害发生的数量不断上升，影响的程度不断加重。有关统计资料表明，20世纪90年代全球自然灾害数量是20世纪60年代的全球自然灾害数量的3倍。而我国自20世纪90年代以来，进入了新的灾害多发期，灾害呈现极端事件频次增加、损失加剧、灾害连锁反应、多灾并发等特点。灾害的频繁发生给全世界人民的生命财产、生活和心理造成了巨大的损失和伤害。

以下是本书实验过程中用到的几个灾害案例。

（1）2012年的"7·21"北京暴雨①。2012年7月21日北京发生特大暴雨，导致全市1.6万平方公里面积受灾，受灾人口190万人。市区路段积水，交通中断，铁路停运，航班停飞；道路、桥梁、水利工程多处"受伤"，民房汽车受损。截至22日17时，北京市境内共发现因灾遇难37人。其中，溺水死亡25人，房

---

① 人民日报：北京迎战61年来最大暴雨，http://www.cma.gov.cn/2011xwzx/2011xmtjj/201207/t20120723_179392.html[2022-06-27]。

屋倒塌致死 6 人，雷击致死 1 人，触电死亡 5 人。

（2）2013 年的"3·29"八宝矿难①。2013 年 3 月 29 日 21 时 56 分，吉林省白山市江源区的通化矿业集团公司［现通化矿业（集团）有限责任公司］八宝煤业公司（以下简称八宝煤矿）发生特别重大瓦斯爆炸事故，造成 36 人遇难，12 人受伤，直接经济损失 4708.9 万元。4 月 1 日 10 时 12 分，该矿又发生瓦斯爆炸事故，造成 17 人死亡，8 人受伤，直接经济损失 1986.5 万元。两起事故共造成 53 人遇难，不仅造成了巨大的经济损失，也对企业产生了不可估量的负面影响。

（3）2014 年的"4·7""4·21"曲靖矿难②。2014 年 4 月，云南曲靖市先后发生"4·7""4·21"两起煤矿重大责任事故，造成 35 人遇难，1 人失踪。2014 年 4 月 7 日凌晨 4：50，云南曲靖市麒麟区东山镇下海子煤矿一采区发生透水事故。当班下井 26 人，4 人安全升井，22 人被困。此次事故最终造成 21 人死亡，1 人下落不明，直接经济损失 6689 万元③。2014 年 4 月 21 日 0 时 23 分，曲靖市富源县后所镇红土田煤矿发生一起重大瓦斯爆炸事故，造成 14 人死亡，直接经济损失 1498 万元④。

（4）2016 年的"6·23"盐城龙卷风。2016 年 6 月 23 日 14 时 30 分左右，江苏省盐城市阜宁县、射阳县部分地区遭遇了强冰雹和龙卷风双重灾害，共造成 99 人死亡，846 人受伤。阜宁县、射阳县共 1.22 万户房屋受损，其中 8073 户、29 496 间房屋倒塌毁损，2 所小学房屋受损，8 栋企业厂房受损，4.8 万亩⑤农业大棚毁坏；同时，电力、通信设施严重受损，阜宁县 40 条高压线路和射阳县 5 条 10 千伏供电线路受损，13.5 万用户停电。这次灾害造成直接经济损失约 50 亿元。专家组最终判定此次灾害为增强藤田级数（enhanced Fujita scale，EF）4 级的高强度龙卷风，风力超 17 级。（龚晓芳等，2017）

（5）2017 年的"9·17"重庆暴雨。2017 年 9 月 17 日起，新一轮强降水从我国西南地区发端，重庆首当其冲受到影响。监测显示，9 月 17 日 8 时至 9 月 18 日 8 时，强降雨主要集中在渝北、奉节等 10 个区县，有 74 个雨量站达暴雨，16 个雨量站达大暴雨，部分区县发生洪涝灾害。截至 9 月 18 日 15 时，此次强降雨引发的洪涝灾害造成长寿区、垫江县、忠县 3 个区县 25 781 人受灾，紧急转移安置人口

---

① 吉林省吉煤集团通化矿业集团公司八宝煤业公司"3·29"特别重大瓦斯爆炸事故调查报告，https://www.mem.gov.cn/gk/sgcc/tbzdsgdcbg/2013/201307/t20130711_245229.shtml[2022-06-27]。

② 云南曲靖矿难 22 人被困　媒体称事故瞒报近 4 小时，http://politics.people.com.cn/n/2014/0408/c70731-24842653.html[2021-12-09]。

③ 2014 年重大安全事故盘点 300 余名地方官被追责（表），http://politics.people.com.cn/n/2015/0106/c1001-26336995.html[2022-06-27]。

④ 云南省曲靖市富源县后所镇红土田煤矿"4.21"重大瓦斯事故调查报告，http://www.mkaq.org/html/2019/09/03/494863.shtml[2022-06-27]。

⑤ 1 亩≈666.67 平方米。

236 人；农作物受灾面积 497.73 公顷①，其中绝收面积 42.33 公顷；倒塌房屋 18 间，严重损坏房屋 97 间，一般损坏房屋 953 间；直接经济损失 10 194.5 万元②。

（6）2019 年的台风"利奇马"。2019 年 8 月 10 日 1 时 45 分前后，超强台风"利奇马"在浙江省温岭市城南镇沿海首次登陆，登陆时中心附近最大风力有 16 级。11 日 12 时前后，"利奇马"穿过江苏进入黄海海域，并于 11 日 20 时 50 分前后在山东省青岛市黄岛区沿海第二次登陆，登陆时中心附近最大风力 9 级。据《2019 年中国海洋灾害公报》数据显示，受"利奇马"台风风暴潮和近岸浪的共同影响，福建以北至辽宁 8 个沿海省（直辖市）均有一定损失，直接经济损失合计 102.88 亿元，其中，辽宁省直接经济损失 1.26 亿元，河北省直接经济损失 3.34 亿元，天津市直接经济损失 0.01 亿元，山东省直接经济损失 21.63 亿元，江苏省直接经济损失 0.37 亿元，上海市直接经济损失 0.03 亿元，浙江省直接经济损失 76.22 亿元，福建省直接经济损失 0.02 亿元。

1.7　本 章 小 结

本章主要详细介绍了灾害相关的概念，包括灾害、灾害属性、灾害分类体系、自然灾害的特点、灾害链，同时给出了本书实验中用到的 6 个典型的灾害案例。

---

① 1 公顷=1 万平方米。

② 暴雨洪涝致重庆 3 个区县 2.5 万人受灾 造成直接经济损失 1 亿多元，http://news.cbg.cn/hotnews/2017/0918/9069595.shtml [2022-06-27]。

第 2 章　灾害评估概述

灾害评估是灾害学研究的重要内容，是全面反映灾害强度，确定减灾目标，优化防灾、抗灾、救灾措施，评价减灾效益，进行减灾施策的基础依据（Shi et al.，2012）。作为灾害管理的一项基础工作，科学准确的灾害评估是开展减灾救灾工作的前提（史培军和袁艺，2014）。我国先后出台了一系列关于灾害评估的法律法规，明确了灾害评估的法律地位①②。从不同的研究角度和评估目的来划分，灾害评估工作一般分为灾害风险评估、灾害损失评估和灾害管理评估三部分，其中灾害损失评估又分为直接损失评估和灾害社会影响评估两大类。本章将对灾害评估的国内外研究现状及评估基本方法进行介绍。

2.1　灾害风险评估

我国是受自然灾害影响较为严重的国家之一。如何有效地减轻自然灾害所带来的损失，一直是我国防灾减灾的重点，而其中一项基础性工作便是灾害风险评估。风险一直伴随着人类存在，人类的每一个决定或行动实际上都承担着一定的风险。学术界关于风险的讨论，最早可见于 19 世纪末的经济学研究中。美国学者 Haynes 在其 1895 年所著的 *Risk as an Economic Factor* 一书中提出：风险意味着损失的可能性。随后，一系列关于风险的概念相继被提出。虽然不同学科对风险有不同的定义和理解，但在一点上却是统一的，即风险总是与"损失或破坏"的潜在威胁相联系，且潜在威胁的出现具有不确定性。在灾害学领域，风险被认为是自然灾害危险性、暴露性及承灾体脆弱性共同作用的结果，

---

① 自然灾害救助条例（2019 年修正），http://www.gov.cn/gongbao/content/2019/content_5468899.htm[2021-03-05]。

② 特别重大自然灾害损失统计调查制度，http://www.stats.gov.cn/tjfw/bmdcxmsp/bmzd/202004/t20200420_1739960.html[2021-03-05]。

而灾害风险评估是对生命、财产、生计及人类依赖的环境等可能带来潜在威胁或伤害的致灾因子和承灾体的脆弱性进行分析和评价，进而判定出风险性质、范围和损失的一系列过程（国家减灾委办公室，2013）。

2.1.1　灾害风险评估的原则

进行灾害风险评估，必须要明确灾害风险评估的原则。一般而言，灾害风险评估要遵循下列原则。

（1）评估依据的客观性原则。灾害风险评估是为了风险治理及防灾减灾，评估质量将直接影响防灾减灾方案的科学性和决策的正确性，所以客观性原则是灾害风险评估的基本原则，在风险评估过程中，要尽量避免主观判断，按照客观事实进行评估。

（2）评估机理的科学性原则。根据灾害风险发生的客观规律性来识别与评估风险，找出灾害风险存在的客观条件、诱发因素、发展趋势，然后预测其可能产生的后果，并由此制订科学防灾减灾方案和措施。

（3）评估指标的系统性原则。系统性选取评估指标，是灾害风险评估的关键环节，因为它直接决定灾害风险评估结果的正确与否。评估指标要系统地反映风险因素，评估指标的系统、全面、简明、正确、具有可操作性，是评估的基础，否则评估结果就没有任何意义。

（4）评估方法的合理性原则。灾害风险评估方法很多，每一种方法都有自己的优缺点。如何根据灾害自身的特点，选择科学、合理的评估方法，这需要评估者具有丰富的专业知识和很高的分析能力。在对各类评估方法全面了解的基础上，科学分析各类方法的原理、特点、需要的参数等，然后选择比较合理的、能够解决当前问题的方法。

（5）评估参数的科学性原则。在灾害风险评估过程中，往往涉及很多参数，如评估权重。只有科学地确定评估过程中所需要的各类参数，才能保证评估结果的客观性和科学性。

（6）评估实施的可操作性原则。灾害风险评估的实施必须与现有的资料相配套，或者是在现有资料的基础上，选择合适的评估方法。如果评估方法和现有资料不相配套，则风险评估不具有可操作性。

（7）评估过程的规范性原则。规范的评估过程是评估结果客观和正确的前提条件。灾害风险评估要遵循评估的流程和原则，符合评估规范，这样评估结果才科学可信。

2.1.2 灾害风险评估的内容

由于风险概念的广泛性和不确定性，国内有些学者在研究文献中只把分析得出的灾害发生因子的不确定性当作灾害风险，或只把灾害造成的损失程度当作风险，这样都不全面。灾害风险评估应该从自然属性和社会属性两方面进行综合评价，具体来说，可以包括以下几个评估内容。

（1）孕灾环境稳定性评估。主要评估区域大气、水、岩石、生物等内部要素及相互之间作用的稳定程度，诊断区域内的不稳定因素并将其量化甚至时空化，为灾害风险评估提供基底参数。例如，一场强烈地震发生在水文地质条件复杂、多山地区，可能形成一系列的次生灾害，形成灾害链；短时强降雨发生在西北干旱、半干旱山地丘陵区，极易引发山洪、泥石流灾害，而发生在平原城市地区，则更容易造成内涝。

（2）致灾因子危险性评估。主要评估致灾因子的强度及其发生的可能性。例如，浙江南部沿海、福建、广东大部分地区受台风影响较多，而浙江北部、内陆地区及上海受影响较小，这与台风登陆的强度和频次有密切关系。（张丽佳等，2010）

（3）承灾体脆弱性评估。主要评估承灾体受到自然灾害风险打击时的易损程度和恢复能力。例如，地震灾害中，同一强度区内，土木结构的房屋容易出现倒塌，而钢筋混凝土结构房屋倒塌的可能性较土木结构房屋小很多；在同一受灾群体里面，妇女、儿童、老人在自然灾害中更可能受到严重伤害。

（4）综合风险损失度评估。主要评估区域承灾体在具有一定危险性的灾害风险事件下损失的大小。例如，某省正常年份下，受各种自然灾害影响，可能导致 5 亿元到 8 亿元的直接经济损失；灾害偏重年份的直接经济损失可能达到 8 亿元到 15 亿元。

在上述内容中，致灾因子危险性评估和承灾体脆弱性评估是灾害综合风险评估的基础，而综合风险损失度评估则是灾害风险评估的核心。

2.1.3 灾害风险评估的流程

对灾害风险进行评估，需要遵循一定的流程，主要包括以下几个步骤。

1. 确定风险评估目标

风险评估目标是评估工作的方向和基准。确定风险评估目标是进行灾害风险评估的第一步。灾害风险评估目标的确定要根据区域防灾减灾或风险管理的实际需求而定，在确定目标时要考虑周全，既要考虑灾害的因素，也要考虑区域或者社区的实际需求和社会经济背景，目标不能太大，否则不具有可操作性，同时也不能太小，满足不了实际需求。另外，还要对目标进行细化分解和结构化，做到评估目标明确。

2. 收集风险评估数据

在确定灾害风险评估目标之后，就要收集整理与风险评估相关的数据和资料，可以通过调查或者到有关部门获取第一手的资料；也可以通过过去类似案例的经验总结或者记录获取这些数据资料，还可以通过相关研究取得资料。无论通过什么方式获得数据资料，都要客观、真实，具有较好的统计性。

原始资料收集之后，必须对其进行梳理整理，即根据灾害风险评估目标任务的需要，将收集的资料进行加工、综合，使之条理化、系统化为能够反映评估目标总体特征的数据。

3. 建立评估指标体系

在整理好所有与风险评估有关的数据以后，接下来需要确定风险评估指标体系。灾害风险评估指标体系要根据评估模型实际需求，根据一定的原则、按照一定的要求建立，同时还要保证指标体系的系统、全面、科学。建立指标体系具体包括指标体系结构的确定、指标体系的初步确定、指标体系的筛选和甄选、指标体系的有效性分析、定性变量的数量化等环节。

4. 选择风险评估模型

根据风险评估的目标和风险自身的特点，选择合适的风险评估模型，具体包括风险评估模型的选择、权重的确定、评估规则的构建等环节。

5. 判别灾害风险等级

利用风险评估方法和模型，根据建立的评估指标体系，得到风险评估值，确定风险评估基准，进行风险等级判别。

6. 检验风险评估结果

对评估结果进行检验，并判别所选的评估模型、评估指标、有关标准、参数设置是否合理，如果不符合要求，则需要做一些修改，对于一些评估步骤需要重新计算。

7. 撰写风险评估报告

对评估结果进行分析，撰写风险评估报告，为区域或者社区防灾减灾提供决策依据。

2.1.4　灾害风险评估的方法

风险评估方法通常分为定性评估和定量评估。定性评估，不对灾害风险进行定量化处理，只做定性比较。定性评估往往依靠评估人的观察和分析能力，借助经验和判断能力，依据一定的规范和标准，对灾害风险做出定性评估。定量评估是指依据统计数据，建立数学模型，并用数学模型计算出灾害风险的各项指标及其数值。

目前，已有的风险评估方法可归纳为以下四类。

1. 基于指标体系的风险建模与评估

基于指标体系的风险建模与评估是目前最常见的方法，其数据资料易于获取，方法简便可行。该方法首先选取灾害风险指标，建立风险评估指标体系，其次通过权重的计算对评估体系进行优化，最终确定风险指数。许多国际研究计划，如灾害风险指数计划（disaster risk index，DRI），均是采用基于指标体系的风险建模与评估的方法。但是，采用该方法无法模拟复杂灾害系统的不确定性与动态性，可能会导致一些风险估计值不准确。

2. 基于地理信息系统的风险建模与评估

利用地理信息系统（geographic information system，GIS）的空间分析功能，对灾害风险进行建模和评估，并且可以对灾害风险的空间分布进行可视化。根据需要评估区域的致灾因子和承灾体的特征，建立评估指标体系（如强度、频率、持续时间、人口密度、经济密度、土地利用类型等），然后选取合适的栅格尺度，分别建立不同的图层，并将各个指标图层按照一定的计算方法进行计算叠加，最后计算出各个栅格的风险指数，并将灾害风险图示化。

3. 基于情景模拟的风险建模与评估

区域的灾害情景尤其是综合风险的灾害情景是复杂的，基于灾害情景模拟可以从不同的灾害类型、不同的承灾体和不同的时空角度出发，构建若干情景，在建立动态评估模型的基础上，实现对区域灾害风险的动态评估。基于情景模拟的风险建模与评估可以直观地体现灾害情景的时空演变特征和区域影响。

4. 基于数理统计的建模和评估

在深入分析灾害风险发生的概率与灾害强度和损失之间的相互关系的基础

上，建立灾害风险概率与损失之间的函数关系和曲线等数理统计模型，对风险进行建模和定量评估。

2.2　灾害损失评估

自然灾害具有自然和社会双重属性。灾害损失主要是相对于灾害的社会属性而言，即灾害对人类社会造成的各种既得或预期利益的丧失，既可以是物质财富和经济利益的丧失，也可以是社会利益、政治利益等的丧失；既可以是有形的经济损失，也可以是尊严的丧失或无形的精神痛苦。灾害造成的损失不仅与灾害的强度有关，而且极大地依赖于当时社会的经济发展水平、人口密度和活动范围等社会环境条件。宏观上讲，灾害损失就是灾害给人类生存和发展所造成的危害和破坏程度的度量。因此，灾害损失是社会状态的函数。

面对近年来日益受关注的气候变化与自然灾害，如何科学、合理地评估灾害损失成为政府、企业、公众等利益相关者关注的焦点，也逐步成为学术界研究的热门主题。

2.2.1　灾害损失分类

对灾害损失进行精确评估的前提是对灾害损失类型进行详细划分。不同的机构或者学者关于灾害损失的分类有不同的划分方法，代表性的划分方法包括以下几种（吴吉东等，2018）。

1. 联合国国际减灾战略分类

2013 年联合国国际减灾战略（United Nations international strategy for disaster reduction，UNISDR）从灾害对社会经济的影响过程，或者说影响波及面幅度的大小，定义了直接损失、间接损失、更广泛的影响、宏观经济影响四个维度的灾害损失，具体内容如表 2.1 所示。

表 2.1　UNISDR 灾害损失分类

灾害损失类型	描述
直接损失	是指不动产和存货的全部或部分损坏，包括对厂房、设备、最终产品、半成品、生产原材料的破坏
间接损失	是指由于直接损失或企业供应链破坏造成的商业中断，对其他客户、合作伙伴和供应商等造成的影响，最终使产出和收入下滑，影响盈利能力

续表

灾害损失类型	描述
更广泛的影响	是指市场份额丧失、竞争力下降、劳动力不足、声誉和形象受损
宏观经济影响	是指由于上述三项损失或影响对一个国家或地区经济稳定和可持续发展产生的负面影响

2. 拉丁美洲和加勒比经济委员会分类

联合国拉丁美洲和加勒比经济委员会（Economic Commission for Latin America and the Caribbean，ECLAC）1991 年发布并于 2003 年更新的《灾害的社会经济和环境影响评估手册》（Handbook for Estimating the Socio-economic and Environmental Effects of Disasters），将灾害损失分为直接损失、间接损失和宏观经济影响，具体如表 2.2 所示。

表 2.2　ECLAC 灾害损失分类

灾害损失类型	描述
直接损失	指不动产和存货（包括产品、半成品、原材料、材料和零件）可能受到的（全部或部分）直接损毁 直接损失包括灾害发生时实际发生的资产损失 直接损失的主要项目包括有形基础设施、建筑物、装置、机械、设备、运输和储存工具、家具、农田、灌溉工程、水库等全部或部分损毁
间接损失	（1）物理基础设施和存货破坏造成的运营成本上升或产出和收入损失，如易腐烂商品不能及时销售或储存造成变质而不能售出造成的损失 （2）生产活动全部或部分瘫痪造成的产出或服务减少，如不能按时履行合约的违约成本 （3）恢复生产过程中的额外成本，如道路抢通增加的成本支出 （4）预算调整或重新分配导致的成本增加 （5）公共事业系统不提供或部分提供服务而导致的收入减少，以及失业或被迫兼职而导致的个人收入减少 （6）应急救助支出 （7）应急过程中的额外支出，如预防流行病的支出 （8）产业关联损失，是指由供需不均衡造成的产业链前向关联和后向关联损失 （9）其他外部因素的损失，包括未受灾害直接破坏地区的损失，如环境污染成本等
宏观经济影响	反映了在国家主管部门不做任何调整的条件下，灾害对主要宏观经济变量的总体影响，如国内生产总值、国际收支和公共财政等 灾害最重要的宏观经济影响是那些与国内生产总值和部门生产增长有关的影响；经常账户余额（主要包括贸易差额、旅游业和服务业的变化，以及用于支付进口和外国服务的资金流出等）；债务和货币储备；公共财政和总投资

3. 欧盟第七框架计划灾害损失分类

2013 年欧盟第七框架计划以风险管理成本核算为视角，从损失致因和损失是否有形两个维度对灾害损失类型进行了划分（Kreibich et al.，2014），具体如表 2.3 所示。

表 2.3　欧盟第七框架计划灾害损失分类

大类	子类	有形损失	无形损失
灾害破坏损失，包括灾害发生及恢复过程中的成本	直接损失	资产的物理破坏：建筑物、财产、基础设施的破坏	人员伤亡、健康影响、环境损失
	商业中断损失	机械设备损毁导致的生产中断	生态服务中断
	间接损失	产业关联效应引起的产出损失	灾后恢复困难、幸存者脆弱性增加
风险减缓成本	直接成本	减灾措施的设计和建设、运转和维护成本	环境破坏
	间接成本	减灾措施诱发的其他成本支出	

4. 美国科学院灾害损失分类

2012 年美国科学院首先将灾害损失分为存量损失、流量损失和其他损失，然后对每一类进行了详细划分，具体内容如表 2.4 所示。

表 2.4　美国科学院灾害损失分类表

大类	子类	描述
存量损失	直接损失	指灾害直接导致的房屋、基础设施破坏等
	间接损失	指灾害引起的次生灾害造成的财产损失等
流量损失	直接损失	指灾区企业厂房、设备破坏、停减产损失等
	间接损失	指产业链中断导致产业关联效应损失等
其他损失	因灾增加成本	指救灾安置、废墟清理、撤离成本等
	其他	指租金收入降低、税收收入下降、资产贬值、旅游目的地丧失、心理创伤、自然资源破坏等隐性成本

5. 欧盟、联合国和世界银行灾害损失分类

在继承 ECLAC 灾害经济影响评估方法的基础上，欧盟、联合国和世界银行于 2013 年联合发布了灾后需求评估（post disaster needs assessment，PDNA）手册[①]，其中关于灾害损失的分类如表 2.5 所示。PDNA 的目的是服务于灾后恢复重建需求估计，首先将灾害损失分为灾害后果和灾害影响，其次针对基础设施和有形资产受损、经济损失、商品和服务的中断、管理和社会过程的中断、风险和脆弱性的增加、宏观和微观经济影响、人类发展的影响等进行细分，以服务于灾后恢复重建需求估计。

---

① Post-Disaster Needs Assessments Guidelines Volume A (2013), https://www.gfdrr.org/en/publication/post-disaster-needs-assessments-guidelines-volume-2013 [2021-12-09]。

表 2.5　PDNA 灾害损失分类表

大类	子类	描述
灾害后果	基础设施和有形资产受损	公共和私营部门毁坏资产的数量和货币价值
	经济损失	生产部分产出下降，以及商品和服务运转的成本增加
	商品和服务的中断	包括服务的质量和可以获得的数量，以及生活和生计需求
	管理和社会过程的中断	灾害对社会和管理过程的影响
	风险和脆弱性的增加	由于灾害而增加的风险，以及人口脆弱性
灾害影响	宏观和微观经济影响	灾害对经济的可能影响，包括可能出现的暂时性宏观经济失衡，以及受灾害影响的个人和家庭在就业、收入和福利等方面的暂时性衰退
	人类发展的影响	对中长期人类生活质量的影响

2.2.2　灾害损失评估原则

吴吉东（2018）指出从灾害管理角度来说，灾害损失评估应从评估目的入手，并保证损失评估结果的科学性，从而为恢复重建规划提供有效依据。因此，需求驱动和科学性是灾害损失评估的两大基本原则。

需求驱动原则又包括以下基本原则。

（1）适用性，灾害损失的分类和具体评估指标设计要符合社会和政府的管理需要，能为有关部门所接受，实用性强。

（2）可行性，损失评估指标可通过调查统计等进行量化，应能与现有国家统计部门统计体系相衔接，可操作性强。

（3）标准性，为便于国内外和不同时间段的对比，损失统计指标分类、指标内涵、范围和计算方法应统一，做到统计指标的标准化，以便于损失数字的横向和纵向对比。

（4）及时性，灾前、灾中和灾后的灾情动态评估是灾害管理决策优化的重要手段，而灾害损失评估要满足不同时期灾害管理决策的需要。例如，灾中灾害损失的应急评估对于应急响应预案的启动级别至关重要。

科学性原则包括以下基本原则。

（1）系统性，为了从总体上反映灾害影响的全貌，灾害损失指标体系设计应分级，便于归类分组，在体现各种指标相互区别的同时，又能体现各指标之间的有机联系，避免重复和遗漏。

（2）完整性，灾害损失统计指标体系应力求全面。例如，灾害影响不仅仅是直接的物理财产损失，还应该评估灾害对社会、自然资源和经济系统短期、中期和长期的影响。

（3）重点突出，不同灾害损失的特征各异，对地震灾害来说，人员伤亡和财产损失是灾害的重点关注指标，而对于干旱灾害来说，农作物的减产则是关注的重点。所以在进行评估时，也要根据不同的灾害制定不同类型的评估指标体系，做到重点突出。

（4）物量与价值损失计量相结合，相对于价格和价值确定的难度，在保证损失物量统计的基础上，根据是否能够进行价值量化，评估灾害的经济损失，而对于非经济损失，物量损失仍可供决策参考。

（5）损失与效益评估兼顾，指的是在灾害间接经济损失评估过程中，应考虑灾后恢复重建带来的积极影响，如设备技术的更新换代、产业结构的优化等对经济发展带来的益处，而这种效益评估也可以凸显灾后保险、政府救助等经济补偿措施在促进地区经济可持续发展中的重要性。

2.2.3　灾害损失评估的方法

灾害损失评估是科学救灾的核心所在，其重点在于能够建立起快速有效的灾害损失评估模型。自 20 世纪 90 年代以来，灾害损失定量评估方法研究取得了很大的进展，提出的方法包括概率和统计方法、指数方法、层次分析法、模糊综合评判法、灰色关联度分析法、人工神经网络法、灰色综合评估法、加权综合评价法、主成分分析法、基于信息扩散的评价方法、模糊聚类法等多种方法。

1. 概率和统计方法

概率论是研究随机不确定现象的重要数学理论，它主要探求随机事件的历史统计规律。灾害事件的发生具有随机不确定性。灾害现象的模拟是灾害统计分析应用很广的方法，在统计理论中的数学模式就是分布函数。对于复杂的灾害现象、过程或系统基本上很难设计确定的模式，但是可以设计统计模式。概率和统计方法在灾害研究中的应用包括灾害极值推断、异常事件的频数分布、等级排序统计和幂次定律分布分析等（许飞琼，1998；Jinman，2001；杨晓华等，2004；袁艺和张磊，2006）。

2. 指数方法

指数是综合反映由多种因素组成的现象在不同时间或空间条件下平均变动的相对数。它主要表现为动态相对数形式，实际上就是运用计算百分比的方法，以基期为 100 来表示报告期相对于基期的数值。指数方法在灾害评价和预测中多有应用，如杨挺（2000）利用城市局部地震灾害危害性指数来揭示城市内各局部区域间危害性的相对水平及其形成原因，陈香等（2007）利用灾损度指数法对福建台风灾害的经济损失进行评估等。

3. 层次分析法

层次分析法（analytic hierarchy process，AHP）是美国 20 世纪 70 年代初期提出的重要的决策方法。层次分析法虽然只应用一些简单的数学工具，但从数学原理上有其深刻的内容，从本质上讲是一种思维方式。该方法把复杂问题分解成各个组成因素，又将这些因素按支配关系分组形成逐阶层次结构。通过两两比较的方式确定层次中各因素的相对重要性，然后综合决策者的判断，确定决策方案相对重要性的排序（王莲芬和许树柏，1990）。层次分析法又是一种定量与定性相结合，将人的主观判断用数量形式表达和处理的方法。因为这是一种对较为复杂、较为模糊的问题做出决策的简易方法，因此近年来在灾害评估领域，如城市火灾（侯遵泽和杨瑞，2004）、热带气旋的影响（李春梅等，2006；扈海波和王迎春，2007）、地质灾害边坡失稳（陈善雄等，2005；王国良，2006）等领域得到了广泛的应用。

4. 模糊综合评价法

按确定的标准对某个或某类对象中的某个因素或某个部分进行评价，称为单一评价，从众多的单一评价中获得对某个或某类对象的整体评价称为综合评价。综合评价是在日常生活和工作中经常遇到的问题，如产品质量评定、科技成果鉴定、某种作物种植适应性的评价等，都属于综合评价问题的实际应用。评价的对象往往受各种不确定性因素的影响，其中模糊性是最主要的。因此，将模糊理论与经典综合评价方法相结合进行综合评价将使结果尽量客观从而取得更好的实际效果。模糊综合评价法，是应用模糊关系合成的原理，从多个因素对被评判事物隶属等级状况进行综合性评判的一种方法。

正如前文所述，灾害系统十分复杂，是自然系统与社会经济系统相互作用的结果，而系统的复杂性与精确性是互斥的，模糊综合评价法将人们对复杂事物的认知定量化，从而提高了认知的精确性，因此许多科研人员将该方法应用到灾害损失评估（陈敏刚等，2006；潘华盛等，2000）、社会防灾能力评估（吴红华和李正农，2006）、灾度或灾害等级评估（刘加龙等，2001）、恢复力评估（纪燕新等，2007）中，收到了较好的效果。

5. 灰色关联度分析法

一般的抽象系统，如社会系统、经济系统、农业系统、工业系统、生态系统、教育系统等都包含许多种因素，多种因素共同作用的结果决定了系统的发展态势。我们常常希望知道在众多的因素中，哪些是主要因素，哪些是次要因素；哪些因素对系统发展影响大，哪些因素对系统发展影响小；哪些因素对系统发展起推动作用需强化发展；哪些因素对系统发展起阻碍作用需加以抑制。灾害系统是由致灾因子、承灾体和孕灾环境构成的复杂系统，灾害的发生和大小由三者的相关因素所决定，但各个因素的作用大小并不确定，因此要考察灾害系统的情况就必须进行系统分析。灰色关联度分析法弥补了采用数理统计方法做系统分析所导致的缺陷。它对样本的多少和样本有无规律都同样适用，而且计算量小，十分方便，更不会出现定量化结果与定性分析结果不符的情况。目前使用灰色关联度分析法对灾害系统的研究也取得了不少成果（游桂芝和鲍大忠，2008；刘海松等，2005；刘伟东等，2007；郑宇等，2002；魏海宁等，2011）。

6. 人工神经网络法

人工神经网络模型是一种以生物体的神经系统工作原理为基础建立的一种网络模型。该网络中的基本单元是一种类似于生物神经元的人工神经元，也是一种广义的自动机；该网络是由许许多多类似的人工神经元经一定的方式连接起来形成的网络，表现出系统的整体性特征。影响灾害的因素众多，彼此之间相互作用，具有复杂性和不确定性的特征，而神经网络不需要建立研究对象的数学模型，具有良好的非线性信息处理能力，对未知系统可以进行分析、辨识和预测，为解决灾害评估中的相关问题提供了新的方法。魏一鸣等（1997）建立了基于神经网络的自然灾害灾情评估模型；金菊良等（1998）建立了基于遗传算法的洪水灾情评估神经网络模型；冯平等（2000）利用人工神经网络对干旱程度进行评估；黄涛珍和王晓东（2003）应用人工神经网络对风暴潮增水进行预报；赵源和刘希林（2005）则将人工神经网络应用到泥石流风险评价中等，极大地推动了灾害评估定量化研究的发展。

7. 灰色综合评估法

灰色综合评估是指基于灰色系统理论，对系统或因子在某一时段所处状态，进行半定性半定量的评价与描述，以便对系统的综合效果与整体水平形成一个相互比较的概念与类别。灰色综合评价法适用于信息不充分、不完全的问题。考虑到灾害系统涉及的因素较多，在评价过程中未必能准确掌握过去所有的数据，存在部分信息不完全、不明确的情况，可把灾害事件看作一个灰色评价对象，利用灰色系统理论对其进行多层次评价（安永林等，2006；赵艳林等，2000；赖德莲，2007）。

8. 加权综合评价法

加权综合评价法是假设由于指标 i 量化值的不同，每个指标 i 对于特定因子 j 的影响程度存在差别，用公式表达为

$$C_{vj} = \sum_{i=1}^{m} Q_{vij} W_{ci} \qquad (2.1)$$

其中，C_{vj} 是评价因子的总值；Q_{vij} 是对于因子 j 的指标 i 的值；W_{ci} 是指标 i 的权重值；m 是评价指标的个数。

加权综合评价法综合考虑了各个因子对总体对象的影响程度，是把各个具体指标的优劣综合起来，用一个数量化指标加以集中，表示整个评价对象的优劣，因此，这种方法特别适用于对技术、决策或方案进行综合分析评价和优选，是目前较为常用的计算方法之一。

9. 主成分分析法

主成分分析法是把各变量之间互相关联的复杂关系进行简化分析的方法。在进行复杂系统研究时，为了全面系统地分析和研究问题，必须考虑许多指标，这些指标能从不同的侧面反映我们所研究的对象的特征，但在某种程度上存在信息的重叠，具有一定的相关性。主成分分析法试图在力保数据信息丢失最少的原则下，对这种多变的侧面数据进行最佳综合简化。这些综合指标就称为主成分。当前，在灾害研究领域，研究人员利用主成分分析法进行建模，通过对灾害因素降维，保留了影响不同类型灾害的主要因素，提高了模型的精度和工作效率。易燕明（1998）将主成分分析法用于旱灾等级综合评估；范文等（2001）将其用于地质灾害危险性综合评价；Cutter 等（2003）在对全美的县级社会脆弱性进行评估时，借助主成分分析法成功实现了指标精简，由此大大提高了脆弱性评估的效率。

10. 基于信息扩散的评价方法

信息扩散的原始概念是从实际工程数据的分析中建立起来，主要是为了解决知识样本集不足以表现观察对象在论域上的客观规律这一问题。由于样本集不足，于是产生了把一个知识信息多次利用的想法。信息扩散就是为了弥补信息不足而考虑优化利用样本模糊信息的一种对样本进行集值化的模糊数学处理方法，这是一种较为新颖的定量评价方法。研究表明，通常概率风险评价和系统推导法是该方法的特例（黄崇福，2005）。目前，该方法在灾害风险评估中得到了许多应用，有力地指导了减灾工作（张俊香等，2007；冯利华和程归燕，2000）。

11. 模糊聚类法

传统的聚类分析是一种硬划分，它把每个待辨识的对象严格地划分到某类中、具有"非此即彼"的性质，因此这种类别划分的界限是分明的。而实际上大多数对象并没有严格的属性，它们在性态和类属方面存在着中介性，具有"亦此亦彼"的性质，因此适合进行软划分。模糊集理论的提出为这种软划分提供了有力的分析工具，人们开始用模糊的方法来处理聚类问题，并称之为模糊聚类分析。模糊聚类法在灾害损失评估、灾害区划等研究中也取得了可喜的成果（苏锦星，1997；徐海量和陈亚宁，2000；陈刚，2005；刘利平等，2006）。

2.2.4　灾害社会影响评估

灾害造成的影响是多方面的。近年来，频发的各类灾害不仅产生了巨大的直接和间接经济损失，还产生了多方面的社会问题，如基层组织体系被破坏、社会不稳定因素增加、灾区群众心理受创等，我们将这些称为灾害的社会影响。另外，从更长远的角度看，灾害不仅会造成经济和社会影响，还会对土地、水、生物等资源和生态环境造成深远的影响，称为灾害的生态影响（徐新良等，2008）。将社会、经济和生态三方面融合在一起，可以从更宏观的层面了解和分析灾害影响，做好防灾减灾工作。目前，关于灾害的经济影响评估开展得比较多（于庆东和沈荣芳，1996；孙绍骋，2001；冯平等，2001；王宝华等，2007），而关注灾害的社会影响和生态影响的评估相对较少。本书主要关注灾害社会影响的动态评估方法。

灾害社会影响评估既要关注灾害对承灾体的影响分析，又要关注公众评价的过程。同时，社会影响评估的发展也会受到发展观念的影响，发展观最终决定评价的应用和评价标准。灾害社会影响评估也可以分为定性分析和定量分析。

1. 灾害社会影响评估概述

对灾害社会影响的研究始于欧美地区，但是目前灾害社会影响及其评估引起了越来越多的研究者的关注。关于灾害社会影响的定义，国内外学者有如下一些观点和认识。

（1）美国社会学家最早明确提出了灾害的社会影响，认为灾害产生的社会影响是灾害的内容之一，包括给社会带来的物质损失及对其正常职能的破坏（Fritz，1961）。

（2）祝明等（2015）认为灾害社会影响是指自然灾害对人类社会关系、社会组织结构、社会公共安全、家庭生计系统、个体身心健康等方面产生的一系列作用。区别于对灾害造成实物破坏的经济损失评估，灾害社会影响评估注重灾害对社会系统的破坏、恢复重建需求及可持续发展等方面的内容，强调社会要素的评估。

（3）王东明和张文霞（2011）从两个不同维度定义了灾害社会影响：首先，相对于经济影响的维度，灾害的社会影响是指灾害导致的人类身心健康、社会关系、组织结构、公共安全等非经济层面的一系列结果；其次，从大社会的角度，灾害社会影响是指灾害对人类生产生活的各个方面造成的冲击。

（4）郭强（1990）则认为灾害社会影响是指对人口及维持其生存和发展的社会资源与条件造成的损失和影响，贯穿于灾害应急与灾后恢复重建全过程，为灾后社会系统恢复与重建提供支持。

综合以上学者关于灾害社会影响的定义，我们可以看出灾害社会影响具有以下几个方面的表现。

（1）灾害对灾区当地家庭、社区的冲击较大，可能造成家庭成员的伤亡、低收入人口增加。

（2）灾害对灾区政府、医疗、水利、电力、交通、教育、社会保障等社会公共服务机构产生影响。政府社会组织功能的破坏可能会影响灾后救援效果，医院、学校、养老院遭到破坏，供水、供电和通信中断将直接影响灾后救助和群众的正常生活。

（3）灾害造成农户赖以生存的农田和农作物的严重破坏，耕地损毁、农作物绝收、大牲畜死亡，可能给农户家庭生计系统造成破坏。

（4）灾害容易造成房屋倒塌、交通受损、水、电、燃气等基础设施被破坏，通信、交通系统中断，食品、建材等商品物价波动，可能对当地群众的衣食住行均造成不便，在一定时期内降低了生活质量。

（5）灾害导致人们容易产生无助、恐慌、冲动等情绪反应，在环境刺激下会出现集体非理性行为，如暴乱、哄抢、群体冲突等，可能影响社会安全和社会稳定。社会支持系统的破坏会导致人们产生迷茫、无助、自责等心理，容易产生灾后应激障碍等心理疾病。

从社会的角度分析灾害的影响，建立灾害社会影响评估体系的重要性，体现在以下三方面。

（1）灾害社会影响的评估分析结果可以为灾后救助和恢复重建工作提供重要依据，有利于政府全面地评估灾害对灾区造成的各方面不利影响，采取更加科学、合理的应对措施。

（2）灾害社会影响评估可以帮助政府更加公平、公正和合理地配置资源，最大限度地满足灾区群众各方面的需求。

（3）灾害社会影响评估可以从社会因素方面为做好防灾减灾工作提供途径和方法，为探索科学、高效、实用的灾害影响评估工具提供参考。

在对灾害社会影响评估重要性认识的基础上，国内外相关机构开展了一系列关于灾害社会影响评估的工作，如表 2.6 所示。

表 2.6　国内外相关机构对灾害社会影响评估的研究

机构	相关工作
拉丁美洲和加勒比经济委员会	2003 年更新了《灾害的社会经济和环境影响评估手册》，对评估整体流程进行了详尽的解释，提出了评估的方法论，即以货币形式评估灾害对社会、经济和环境的影响
联合国机构间常设委员会	针对人道主义危机情境，设计了一个需求分析框架，加强对人道主义需求的分析和说明
联合国粮食及农业组织	针对突发性自然灾害设计的生计评估包括三个相互关联的部分，即基期生计评估、初步生计影响评估、详细生计影响评估，该评估框架适用于突发性自然灾害，并集中关注生计领域
国务院扶贫办贫困村灾后恢复重建工作办公室	编写了《灾害对贫困影响评估指南》（国务院扶贫办贫困村灾后恢复重建工作办公室，2010）
中国科学技术发展战略研究院	开展了汶川地震灾区居民需求快速评估调查（赵延东等，2010）
民政部国家减灾中心	2011 年开展了盈江地震灾区社会心理影响评估

2. 灾害社会影响定性评估方法

灾害社会影响定性分析主要用文字语言进行相关描述。目前常用的灾害社会影响定性评估方法主要有问卷法、访谈法和部门上报法，具体使用方法如下。

（1）问卷法。在灾害社会影响评估中，问卷法能够在短时间内集中人力、物力大规模收集统计数据，有助于全面收集灾后各项与社会影响有关的指标数据，帮助决策者和研究者进行客观分析，了解灾区实际情况，为灾后开展救援和恢复重建等工作及时提供决策依据。

（2）访谈法。访谈法是访问者与被访问者双方面对面互动，从而获取相关信息的一种资料收集方法。在访谈过程中，访问者能够控制调查过程，从而可以最大限度地降低来自被访谈者方面的误差，提高调查结果的可靠程度。

（3）部门上报法。部门上报法是通过同一业务部门或相关业务部门，以行政上报的形式获取数据的一种调查方式，如通过村（社区）、乡镇、县、市逐级上报获取指标数据。灾害发生后，受灾地区民政部门在很短时间内，就可通过民政灾情上报系统将受灾情况层层上报，便于上级部门及时采取应对措施，这些数据是开展灾害评估的重要基础。

定性评估方法注重以上多种方法的综合应用，图 2.1 展示了该方法常用的流程（史培军和袁艺，2014），主要包括数据收集、单项评估方法开展评估、多方法综合校核评估及撰写评估报告等四个主要环节。传统灾害社会影响评估方法具有周期长、样本数据量小的特点，缺少科学、高效、实用的工具的支持。

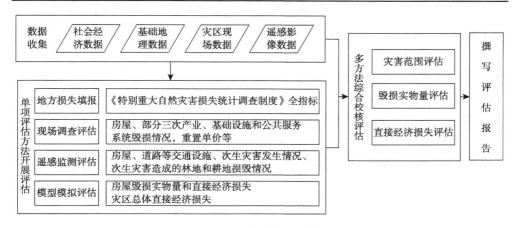

图 2.1　重大灾害综合评估流程

国内很多学者在灾害社会影响定性评估方面进行了深入研究。比如，陈升等（2009）分析了灾区群众的生活、住房、生产、心理、服务等五项基本需求及其特征。韩伟（2008）指出了灾区农户在补助政策、住房安全、社会公平等方面具有更为细致的需求，同时他们还面临地震移民、社会冲突和治安管理等重建的困难。沈黎（2009）则关注青少年群体需求。周霞（2008）指出，短短两三年内，汶川地震灾区物质文化水平飞越了二三十年，原有的地方文化却变迁缓慢，物质文化与地方文化的不同步，使重建后的灾区面临文化堕落的风险。一些重建理论从家庭生计的角度进行分析，认为城镇规模的扩大缺乏客观条件支撑和专业论证，新增建设用地占用宝贵的耕地，使当地老百姓生存发展面临挑战（李华燊等，2011）。黄承伟和彭善朴（2010）编著了《〈汶川地震灾后恢复重建总体规划〉实施社会影响评估》。

3. 灾害社会影响定量评估方法

灾害社会影响定量分析依据统计数据，建立数学模型，并用数学模型计算出分析对象的各项指标及其数值。在定量分析研究中，制定评估指标体系和抽取评估指标是关键问题。

完整、合理的评估指标体系能够全面、正确地反映灾害的社会影响，为灾后的重建和恢复工作提供有价值的指导和参考。灾害社会影响评估指标的设定应着重考虑以下几个因素（祝明等，2015）：指标应有决策价值，便于提供决策参考；指标不宜过细、过繁，应提炼出反映灾害社会影响的核心指标；指标数据应简单、易行、可获取；指标应可量化，应从数量、程度等方面设计指标，便于对比和分析。

关于灾害社会影响的评价指标体系，各国学者和机构都已拥有较为丰富的研究成果。社会影响评价指导方针和原则国际组织委员会（The Interorganizational Committee on Guidelines and Principles for Social Impact Assessment，ICGP）于 1994 年提出 5 大类社会影响评价变量（刘佳燕，2006；Burdge，1994；Burdge and Vanclay，1995），具体如表 2.7 所示，而国外其他学者提出的指标如表 2.8 所示。

表 2.7　ICGP 评估指标

大类	评价指标
人口特征	人口规模密度和变化、种族和宗教信仰的分布状态、移民、流动人口、季节性居民
社区和制度化的结构体系	社团活动、地方政府的规模和结构、变化历程、就业/收入特征、弱势群体的公平的就业权利、地方/区域/国家的联系、产业/商业的多样性、规划和区划活动
政治和社会资源	权利和权威的分配、新移民和原住民的冲突、资金的证明/鉴定、国际组织的合作
社区和家庭的变化	对风险/健康和安全的感知、对迁移和拆迁的关注、对政治和社会制度的信任、居住的稳定性、相识的密度、对政策/工程的态度、家庭和友谊网络、对社会福利的关注
社区资源	社区基础设施的改变、本地人口、土地利用方式的改变，对文化、历史、宗教和考古学资源的影响

表 2.8　评价指标相关研究

研究者	评价指标
Taylor 等	人口变化、生活方式、态度、信仰和价值观、社会组织（Taylor et al.，1990）
Burdge 等	人口影响、社区和机构安排、地方居民与新移民的冲突、个体和家庭层面的影响、社区基础设施需求（Burdge，1994；Burdge and Vanclay，1995）
Vanclay	审美、考古、社区、文化、人口、经济、性别、健康、原住民、基础设施、制度、心理（Vanclay，2006）

　　汶川地震后，国内首次设计形成一套重大灾害损失统计报表，之后在玉树地震、舟曲特大山洪泥石流灾害评估中对指标、报表进行了改进和完善（史培军和袁艺，2014）。2010 年，民政部国家减灾中心开展专项研究，重点根据毁损实物量评估和直接经济损失评估的要求，对重大灾害损失报表体系、关键指标进行了调整完善，后经向有关部门、地方征求意见，国家统计局审核，最终建立了《特别重大自然灾害损失统计制度》（以下简称《统计制度》）（周洪建，2017）。《统计制度》共设计损失统计指标 738 个，包括人员受灾、房屋受损、居民家庭财产损失、农业损失、工业损失、服务业损失、基础设施损失、公共服务系统损失、资源与环境损失等指标及基础指标等，每一类指标又被分为多个小指标，具体说明如下。

　　（1）人员受灾统计指标，主要包括受灾人口、因灾死亡人口、因灾失踪人口、因灾伤病人口、饮水困难人口、紧急转移安置人口、需要过渡性生活救助人口等。其中，紧急转移安置人口还需区分集中安置和分散安置人口，需过渡性救助人口还分别统计其中包含的女性、老人（65 岁及以上）、儿童（14 岁及以下）、"三无"①和"三孤"②人员数量。

（2）房屋受损统计指标，包括农村居民住宅用房、城镇居民住宅用房及非住宅用房 3 类房屋受损情况，各类统一划分为倒塌房屋、严重损坏房屋、一般损坏房屋等 3 种类型，每类分别设计了不同结构类型房屋的实物量损失和经济损失指标。

（3）居民家庭财产损失统计指标，分为农村居民和城镇居民家庭财产损失 2 类，每类分别设计了受灾家庭户数、生产性固定资产、耐用消费品和其他财产损失指标。

（4）农业损失统计指标，主要分为种植业、林业、畜牧业、渔业和农业机械等 5 类，主要设计了有关农业用地受灾面积、死亡禽畜数量、受损机械数量等指标。

（5）工业损失统计指标，包括受损企业数量，厂房与仓库、设备设施、原材料、半成品和产成品的实物量和经济损失指标，细分为规模（资质等级）以上工业、规模（资质等级）以下工业等 2 类指标。

（6）服务业损失统计指标，分为批发和零售业，住宿和餐饮业，金融业，文化、体育和娱乐业，农林牧渔服务业，其他服务业等 6 类，主要设计了受损网点数量、受损设备设施数量和经济损失等 3 类指标。

（7）基础设施损失统计指标，分别统计交通运输、通信、能源、水利、市政、农村地区生活设施、地质灾害防治等 7 大类。每一类又分为若干小类。整体情况如表 2.9 所示。

表 2.9　基础设施类损失统计指标

基础设施大类	小类
交通运输	公路、铁路、水运、航空
通信	通信网、通信枢纽、邮政和其他通信基础设施
能源	电力、煤油气
水利	防洪排灌设施、人饮工程、其他水利工程
市政	市政道路交通、市政供水、市政排水、市政供气供热、市政垃圾处理、城市绿地、城市防洪、其他市政设施
农村地区生活设施	村内道路、供水、排水、供电、供气、供热、垃圾处理及其他设备设施
地质灾害防治	崩塌、滑坡、泥石流、地面塌陷、地面沉降、地裂缝及其他地质灾害防治设施

（8）公共服务系统损失统计指标，分别统计教育、科技、医疗卫生、文化、新闻出版广电、体育、社会保障与社会服务、社会管理、文化遗产等 9 大类，每一类又分为若干小类，整体情况如表 2.10 所示，各类主要包括受损机构、设施设备数量和经济损失指标。

---

① "三无"人员是指无生活来源、无劳动能力、无法定抚养义务人或法定抚养义务人丧失劳动能力而无力抚养的人员。

② "三孤"人员是指因灾造成的孤儿、孤老和孤残人员，以及遭受灾害的原有孤儿、孤老和孤残人员。

表 2.10 公共服务系统损失统计指标

基础设施大类	小类
教育	高等、中等、初等、学前、特殊、其他教育学校/机构
科技	研究和试验系统、专业监测系统、其他科技系统
医疗卫生	医疗卫生、计划生育、食品药品监督管理、其他医疗卫生系统
文化	图书馆（档案馆）、博物馆、文化馆、剧场（影剧院）、乡镇综合文化站、社区图书室（文化室）、宗教活动场所、其他文化设施
新闻出版广电	无线广播电视发射/监测台、广播电视台、新闻出版公共服务机构
体育	体育场馆、训练基地、基层配套健身设施
社会保障与社会服务	社会保障、社会服务系统
社会管理	党政机关、群众团体、社会团体和其他成员组织、国际组织
文化遗产	物质文化遗产、非物质文化遗产

（9）资源与环境损失统计指标，分为土地资源与矿山、自然保护区及野生动物保护、风景名胜区、森林公园与湿地公园、环境损害等 5 类，仅设计实物量指标。

在《统计制度》的指导下，诸多研究者结合实际应用情况对灾害社会影响进行了探讨，主要有以下几个代表性的工作。

（1）祝明等（2015）重点选择了 15 个简单易行、可操作性强、能充分体现灾害社会影响并具有决策参考价值的核心指标，构成灾害社会影响评估实务性指标体系，如表 2.11 所示。

表 2.11 灾害社会影响评估实务性指标体系表

序号	指标名称	指标意义
1	因灾有儿童死亡或失踪的家庭户数	灾后儿童伤亡情况及其对灾区家庭结构的破坏程度
2	因灾有劳动力死亡或失踪的家庭户数	灾后家庭劳动力的损失情况及其对家庭生计的影响
3	因灾经济困难家庭户数	灾害对经济情况的影响程度
4	基层机构工作人员伤亡人数	组织机构的破坏程度和人员损失情况
5	因灾受损不能正常开课的学校数量	公共服务中教育机构的受损情况
6	因灾不能正常上课的学生人数	灾害所涉及的学生规模
7	因灾受损不能正常运转的医疗机构数量	公共服务中医疗机构的受损情况
8	因灾受损不能正常运转的养老院数量	社会保障机构中养老院的受损情况
9	灾后主要粮食产品价格增长幅度	灾后粮食价格上涨对家庭生活成本的影响
10	灾后建筑材料价格增长幅度	灾后建筑材料价格上涨对民房修建成本的影响
11	灾后出现疫情次数	灾后公共卫生安全状况
12	灾后出现群体性事件次数	灾后社会稳定和社会治安状况
13	灾后出现谣言次数	灾区社会稳定和受灾群众心理状况
14	因灾患有精神障碍的人数	灾区群众心理健康状况
15	灾后出现自杀行为人数	灾区群众心理健康状况

（2）李强等（2010）通过相关研究分析，指出虽然在实践过程中具体的评价指标会有很大的不同，但核心内容大致包括人口和迁移、劳动与就业、生活设施与社会服务、文化遗产、居民心理与社会适应性等五大类，如表 2.12 所示。

表 2.12　社会影响评价的基本框架和指标

基本类别	评价指标
人口和迁移	灾害影响的人群、人口迁移规模（人数、迁移距离等）、人口居住密度、移民安置补偿标准就业人数、移民土地安置补偿兑现情况、移民生计变化情况等
劳动与就业	产业结构变化、耕地面积与质量、森林面积变化、劳动力构成、就业率、收入水平、主要经济来源、提供的就业机会
生活设施与社会服务	自来水普及率、人均住房面积、道路质量与等级、与集镇的距离、教育设施和教师学生比、医疗设施和千人拥有医生数、社会保障水平和覆盖率、商业设施情况、健身娱乐设施、生活垃圾处理设施、生活垃圾载量
文化遗产	自然遗传、人文景观、特有的歌舞、宗教和民间礼仪等
居民心理与社会适应性	信息公开度、项目的公众参与率、对项目社会发展对策的满意度、项目建设过程中的心理状态、社会关系网络的变化、项目导致的纠纷及其解决情况

在抽取了用于灾害社会影响评估的指标以后，需要将多种评估指标数据融合得到最后的评估结果。乌兰等（2014）采用层次分析法将多个指标融合对草原灾害社会影响进行了评估，如图 2.2 所示。

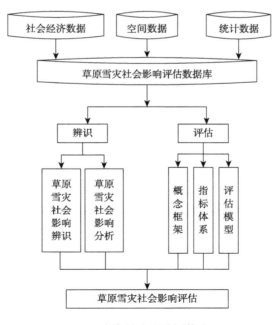

图 2.2　灾害社会影响评估流程

2.3　灾害管理评估

中国是一个自然灾害频繁发生的国家。每次灾害发生时，我国政府都做出了极大的努力来减小灾害造成的损失，但依然需要全面提高我国政府应对自然灾害的能力。而要有效地提升自然灾害应急管理能力，不仅要在自然灾害应急管理过程中不断摸索和完善，更要注重对自然灾害应急管理的绩效评估，以便及时发现问题，探索改进办法，从而进一步提升自然灾害应急管理能力。

2.3.1　灾害管理能力评估

灾害管理能力评估是检验和提高政府相关部门处置灾害能力的重要环节和有效途径，它能够系统地反映相关部门处置灾害的优势和存在的不足，是积累经验、总结方法、促进应急能力建设的重要手段。同时，它能够检验政府在应对灾害时所拥有的人力、组织、手段和资源等应急因素的完备性和协调性，是获取完善处置灾害应急机制的重要依据。灾害管理能力评估不是一个静态的过程，而是一个动态过程，通过评估可以持续改进应急管理工作，确保应急预案的有效性，提高组织应急救援的水平。

1. 国外灾害管理能力评估

美国是世界上第一个建立了突发事件应急管理能力体系并实行自我管理的国家。美国联邦应急管理局（Federal Emergency Administration of the United States，FEMA）和国家应急管理协会（National Emergency Management Association，NEMA）联合开发了应急管理准备能力评估（capability assessment for readiness，CAR）程序，并从 1997 年到 2000 年对美国全部州、地方和海岛都进行了应急能力准备状况评估工作。该能力评估体系包括应急管理工作中的 13 项管理职能、56 个要素、209 个属性和 1014 个指标。这 13 项管理职能分别是：法律与职权、灾害识别与风险评估、灾害管理、资源管理、规划、指挥、控制与协调、通信与预警、行动与程序、后勤与设施、培训与演练、公共教育与信息传播、资金管理。基于这 13 项职能，部分州建立了自己的应急管理能力评估体系，每隔一段时间进行一次评估，并且大多数都是采用评估表的形式进行。这些工作有效地提高了各灾害应急管理主体的应急管理能力和处置水平，最大限度地抑制了灾害所造成的人员伤亡、财产损失和社会破坏。

日本在 2002 年 10 月和 12 月先后两次举办了专门研讨会，着重讨论了日本防灾能力与危险管理应急能力评估问题。应急能力评估项目主要包括：危机的掌握与评估，灾害情况的假设，减轻灾害情况对策，整顿体制，组织内与组织外的情报联络体系，器材与储备粮食的管理，应急时、善后时和重建时的活动计划，居民间的情报流通，教育与训练，活动水平的维持与提升等。根据以上项目并将每一个项目细化为一系列具体问题，设定评分标准后便可以进行评分。回答评估问题的时候，需要注意两个事项：一是是否实施了所评估的内容，要求在"有"或"无"之间选择其一；二是实施的程度如何，要求尽可能地用具体数据来评价。日本地方公共团体在评价防灾与危机管理能力的时候，首先是评估地方政府防灾与危机管理体制，其次参考评估结果制定有关方针，最后评估地区防灾与危机管理能力。在日本，地区性防灾能力计划主要包括项目危险评估、减轻危险、体制配备、信息联络体制、建筑机械材料和应急储备的保障与管理、工作计划制定、与居民共享信息、教育训练、重新评估等。

加拿大于 2003 年成立了公共安全与应急准备部（Public Safety and Emergency Preparedness，PSEP）负责加拿大所有联邦政府部门及其机构在保障国家安全方面的协调工作，制订联邦的相关计划和政策。目前，加拿大有 13 个省和地区设立了专门的应急管理机构，负责突发事件应对的计划、培训与演练、处置及灾害财政等工作。为引导和加强政府各部门的通力合作，确保各级政府不同部门行动计划的一致性和互补性，保护国家和公民的安全，加拿大制定了突发事件应急管理框架，确定了应急管理的四大支柱及其相关内容。在实施过程中，加拿大联邦政府和地方政府通过评估应急管理能力来提高突发事件应急管理效果。具体做法是：在减灾阶段进行应急反应能力评估，主要包括社区备灾水平、预警系统的有效性、社区预期伤亡和损失的反应能力；在应对阶段进行灾害对安全、卫生、经济、环境、社会、人道主义、法律、政治等方面产生的影响评估；在恢复阶段进行损害评估，包括公共评估和个体评估。前者主要是指突发事件对公共财产和基础设施所造成的损害评估，后者则指突发事件对个人、家庭、农业、私营部门等所造成的影响或损害评估。

2. 我国灾害管理能力评估

我国真正关注和重视突发事件应急管理能力是在 2003 年的非典之后。目前，有来自不同学科领域的学者对突发事件应急管理能力问题进行了探讨和研究，如张风华和谢礼立（2001）的城市防震减灾能力评估体系。这个评估体系是基于城市防震减灾能力评估三准则——人员伤亡、经济损失和震后恢复时间而建构的，包括六个要素：地震危险性分析能力、地震监测和预报能力、工程抗震防御能力、政治经济和人文资源能力、城市非工程防御能力、应急救助与恢复能力。这 6 个要素即为一级指标，下辖 25 个二级指标和 77 个三级指标。为了保证应急管理能力评估的科学性和有效性，运用灰色关联度分析法将三个评估准则综合成一个防震减灾能力指数。

邓云峰和郑双忠（2006）研究了城市公共事件应急管理能力评估问题，认为城市应急管理能力评估应该纳入政府绩效考核体系，并建构了城市应急能力评估指标体系，包括 18 个类别、76 项属性和 405 项特征。在这个评估指标体系中，"18 个类别"类似于美国 CAR 的 13 项紧急事件管理职能，具体是指法制基础、管理机构、指挥中心、专业队伍、专职队伍与志愿者、危险分析、监测与预警、指挥与协调、防灾减灾、后期处置、通信与信息保障、决策支持、装备和设施、资金支持、培训、演习、宣传教育、预案编制等。这个评估指标体系具有良好的信度和效度，得到了实证研究的支持。

铁永波等（2006）根据应急能力评价指标体系的设置原则和指标选取方法，结合城市灾害管理的特点，从系统理论的角度出发，运用层次分析法和专家问卷调查，建构了城市灾害应急能力评价模型。一级评价指标有 6 个：对灾害的监测预报能力、城市灾害防御能力、城市居民的应急反应能力、政府部门的快速反应能力、应急救援能力和资源保障能力。二级评价指标有 23 个：已有灾害的监测预报能力、对可能存在灾害的监测预报能力、预警设施的完善情况、预报精度的高低、城市建筑抗灾能力的大小、防御措施的情况、公共防灾意识的普及程度等。这个模型有机地结合了定量和定性研究，有效地解决了城市应急能力的定量评价问题，同时又克服了主观随意性，从而提高了城市灾害应急能力评估的可靠性、准确性和客观性。

田依林和杨青（2008）运用复杂系统理论、过程管理理论、模糊层次分析法等理论，结合国外突发公共事件应急管理研究的理论成果和实践经验，提出了城市突发公共事件应急管理能力评价指标体系复杂大系统的概念，建构了城市突发公共事件应急管理能力评价全过程评价体系和全系统评价体系的多层次结构模型。模型一级指标层包括指挥调度系统能力（包含 10 个二级指标）、处置实施系统能力（包含 10 个二级指标）、辅助决策系统能力（包含 10 个二级指标）、政府应急反应系统能力（包含 10 个二级指标）、信息管理系统能力（包含 7 个二级指标）、资源保障系统能力（包含 10 个二级指标）、工程防御系统能力（包含 8 个二级指标）、居民防御系统能力（包含 7 个二级指标）等 8 个指标。三级指标层包含 172 个。

谭小群和陈国华（2010）首先给出了跨区域突发事件的基本内涵，其次运用多因素评估理论，建立了一套用于评估跨区域应急管理能力的指标体系（表 2.13），并采用定量与定性相结合的改进的层次分析法计算各指标权重。

表 2.13 跨区域应急管理能力评估指标体系

一级指标	二级指标	三级指标
跨区域突发事件 前期准备能力	法律法规及规章条例	体系完善性、内容全面性、可执行、对协调区域合作的规范性
	区域应急预案	预案内容完备性、预案灵活可变性、预案可操作性
	预案演练	演练计划严密性、演练评估及改进、演练的频次、演练协调性
	监测预警水平	灾害监测准确性、灾害预报及时性
	资源保障水平	资金保障、物资保障、信息保障、人力保障、技术保障
	基础设施	交通设施、通信设施、消防设施、医疗设施、环保设施、气象监测设施、 供电设施、供水设施、供气设施、防护设施
	组织机构保障	决策质量、决策速度、指挥力度、事态跟踪状况
跨区域突发事件 处置能力	响应能力	响应速度、现场应变能力、组织社会人员参与能力
	协调能力	指挥层决策协调能力、现场指挥与场外指挥协调、现场应急行动协调性
	信息沟通能力	及时性、准确性、对称性、共享性
	应急人员素质	专业技能、心理素质、身体素质、执行力
	伤员转运能力	转运速度、转运期间护理情况
跨区域突发事件 恢复能力	灾民安置能力	灾民补偿发放及时性、补助发放记录完整性、灾民临时避难所安置情况、 灾民情绪抚慰情况
	后续工作处置能力	事故灾害调查情况经验总结情况、预案调整情况
	重建能力	社会福利保障、再建设资金保障、再建设人力保障、再建设组织保障
	灾后区域利益 再协调能力	调整方案合理性、调整方案易行性

许硕和刘小娜（2019）提出了基于决策实验室法与模糊网络分析法的评估方法，构建的指标体系如表 2.14 所示。

表 2.14 基于决策实验室法与模糊网络分析法的评估方法

影响层面	指标
预防与应急准备	预案编制、宣传教育、培训演练
保障与支持	法规保障、资金保障、医疗保障、技术支持
监测与预警	信息监测、预警研判、报警方式、报警流程、预警信息收发
应急处置与救援	险情报送、预案启动、响应能力、救援能力
事后恢复与重建	经济补偿、损失评估、重建计划、事件总结报告

2.3.2 灾害管理绩效评估

灾害管理绩效评估是事后评判灾害应急管理中决策、计划、组织、控制等工作的水平，评价政府及其相关部门工作业绩的重要标准，既是对政府已有公共危机管理意识、能力和业绩的评估，又是制定未来政府突发事件应急管理政策的重要条件。关于政府应急管理绩效评估的内涵，有学者认为，政府应急管理绩效评估是对政府应急管理组织运行过程、内容和结果进行绩效评估的活动（付璇，2008）；也有学者指出政府应急管理绩效评估是对各级政府及其职能部门，乃至其公务员在应急管理中的行为与成绩所做的评估。

1. 国外应急管理绩效评估的研究现状

Jones（2003）研究了灾害应急管理的绩效和能力评估问题，构建了一个英国灾害管理者的应急管理绩效评估框架。在构建的过程中，她对其他领域的各种持续改进模型进行了检验，最后选择了"能力成熟度模型"作为这个框架的基础，并设计了一个三阶段数据收集方法来获得一个组织的应急管理能力的相关数据。第一阶段是访谈一个英国灾害管理现场的应急计划；第二阶段是观察一次在英国主要灾害地区举行的灾害管理现场演练；第三阶段是通过观察反馈过程记录组织学习能力，并且对组织成员进行访谈。研究结果显示，通过试用一项应急计划、一次重要演练及一次收集相关信息的追踪访谈，这个评估框架在一个较大的地方政府得到了成功的验证。这项评估提供了反映当前应急管理系统的能力和成熟度的清晰细节，并可以在应急管理系统的特定阶段，提出薄弱环节改进的结构化指导。这样使地方政府能够集中力量来改进薄弱环节，从而增强应急准备和应急响应的学习能力和应急绩效。

Drabczyk（2005）研究了市民与应急响应者共享价值观是否能够提高灾害管理绩效的问题。这项研究旨在发现在灾害减缓、准备、响应和恢复中激励市民和应急响应者共享价值观的有益知识。在这项研究中，他把社区应急响应团队作为研究模型，团队参与者是唯一能够识别、体验、证实他们所珍惜的共同经历的实体。该研究采用了一个命名为"有价值的询问"的参与行动研究方法来调查市民响应者价值观、应急响应者价值观和合作伙伴的共享价值观。研究结果表明市民和应急响应者共享4类价值观：功能/任务相关的价值观、凝聚力/关系相关的价值观、发展/变革相关的价值观和稳定性/现状有关的价值观。

联合国有关组织强调，政府必须实行基于绩效的危机管理，政府危机管理的指标必须具有可持续性（即能够持续较长的时间）、可衡量性（即明确界定成功的标准）、可实现性（即在政府确定的时间范围内能够达成）、相关性（即能够满足各种危机和灾害管理的要求）和及时性（即满足近期和长远的需要），危机管理的绩效指标必须明确、具有弹性、有机地与政府管理工作相整合、能够被政府部门和社会接受、能够反映国际社会的经验等。当然，仅有危机管理的绩效指标是不够的，还要进行绩效的管理，这包括绩效的衡量、绩效的监控、绩效的持续改进等。

2. 我国应急管理绩效评估的研究现状

刘传铭和王玲（2006）构建了政府应急管理组织平衡计分卡（balanced scorecard，BSC）绩效评估框架，由四个维度构成，具体如表 2.15 所示。

表 2.15　基于平衡计分卡的政府应急组织管理绩效评估框架

一级指标	二级指标	说明
以公民为核心	服务质量、公民导向度、服务效率、危机记录	以公民为核心是由政府公共管理的宗旨决定的
公共投入	财务责任、管理动机	评估时，并不是仅仅关注花了多少钱，最关键的是通过支出了解政府为公民提供了多少公共产品和公共服务，实现应急管理的效率和效益相统一
内部运作	组织管理、过程管理、员工管理、信息化程度	要在资金有限的条件下实现降低成本和保证质量两个目标
创新与学习	创新方面和学习方面	政府公共管理能否不断改进，政府服务水平能否不断提高，在很大程度上取决于政府的创新和学习能力的高低，而事实上政府的创新和学习能力最为薄弱

张小明（2006）对公共危机管理绩效评估指标体系进行了理论研究，认为公共危机管理绩效评估指标体系包括六个维度，具体如表 2.16 所示。

表 2.16　公共危机管理绩效评估指标体系

一级指标	二级指标
信息管理	信息管理能力、信息披露机制、电子政务、互联网技术
公关管理	媒体管理、媒体控制、形象管理、新闻发言人制度
沟通管理	信息沟通、三角互动沟通、沟通畅度、雄鹰式沟通策略
决策分析	权责划分、决策者素质、决策信息系统、决策中枢系统、决策咨询系统、决策监控系统、决策方法、决策理论准备
应变管理	危机情境管理、危机反应管理、危机经营策略
恢复管理	善后管理、形象管理、从危机中获利、反馈管理

马添翼（2007）将应急管理成熟度应用到灾害应急管理的绩效评价当中。应急管理成熟度是指应急管理计划的完善和合理程度，应急管理系统的架构合理程度，应急管理决策的及时、准确程度，以及应急管理实施的力度和妥善程度。应急管理成熟度评价指标体系是以事故应急管理能力为评价对象，在对相关指标集进行定性、定量分析的基础上，根据一定的评价模型，从而进行全面的、综合的反映与描述。根据应急管理静态组织结构和动态管理过程的特点，应急管理成熟度评价指标体系由 12 个因素构成。静态组织结构评价指标主要包括应急组织结构建设、应急管理人员责任、管理人员培训、事故救援物资配置、应急培训和演练、应急管理相关法律法规等 6 项；动态管理过程评价因素主要包括应急预案制订、

重大危险源识别、应急指挥与协调能力、事故等级分类方法、重大事故处理经验、事后生产恢复能力等 6 项评价指标。

赵海燕和姚晖（2007）在区分公共卫生危机管理与企业危机管理的基础上，按照平衡计分卡的思想建立了公共卫生危机管理平衡计分卡绩效评估框架，具体如表 2.17 所示。

表 2.17　基于平衡计分卡的公共卫生危机管理绩效评估框架

一级指标	二级指标	说明
民众维	民众满意度	公共部门要把以民为本的服务理念贯彻到危机管理的每一个环节，并转化为公共部门绩效考核的一个指标
财务效率维	年度预算、年度决算、预决算增长率及其占预备费的比率等	通过财务绩效评估可以优化公共支出结构，提高其使用效率和公共危机管理水平
内部管理与控制维	组织管理、过程管理、人员管理和信息化管理水平	组织管理通过组织结构的合理性等指标评估；过程管理通过工作流程的规范性等指标评估；人员管理通过激励与约束机制的有效性等指标评估；信息化管理水平通过信息化建设程度等指标评估
创新和学习维	新技术研发与应用情况、专业技能改进的频率、工作流程创新与改造程度等	公共部门在公共卫生危机管理中的创新、提高和学习能力关系着公共管理的可持续发展

李东科（2008）将政府危机管理绩效评估指标分为 7 个一级指标，每个一级指标下面又下设多个二级指标，具体如表 2.18 所示。

表 2.18　政府危机管理绩效评估指标体系

一级指标	二级指标
风险管理	风险识别敏锐度、风险分析、风险处理、风险监控
预警管理	预警信息搜集、预警信息分析、危机预测、危机预警、危机警报、危机预控
信息管理	信息管理能力、信息披露机制、电子政务、互联网技术
公关管理	媒体管理、媒体控制、危机中形象管理、新闻发言人制度
沟通管理	信息沟通、沟通顺畅度、沟通策略
决策分析	决策者素质、决策环境、决策信息系统、决策中枢系统、决策咨询系统
危机恢复	善后管理、危机后形象管理、从危机中获利、反馈管理

周妍（2008）将突发事件应急管理绩效评估指标体系分为八个方面，每个方面又分为多个二级指标，具体如表 2.19 所示。

表 2.19　突发事件应急管理绩效评估指标体系

一级指标	二级指标
应急救援任务完成情况	灾情识别和上报的时效性、应急指挥与协调水平、救援队的专业水平
事件源监测评价水平	参加事件源辨识人员的经验丰富程度、事件源识别方法选择的准确性、监测设备监测结果的准确性

续表

一级指标	二级指标
基础建设工作水平	应急预案的完备程度、相关的法律法规和标准的完备程度、应急组织机构中人员职责明确程度
培训和演练程度	培训和演练计划的完备程度、人员培训程度、公众宣传和教育水平
通信和报警系统完备程度	通信和报警系统设施的建设程度、报警程序合理性、值班人员的职责明确程度
救援行动支持程度	资金和后勤保障水平，医疗、装备及技术支持水平，避难场所和救灾物资保障水平
突发事件发生地恢复程度	突发事件发生地恢复常态的成效
应急管理系统进一步完善程度	对突发事件的总结和分析水平、应急预案的维护水平

王锐兰（2009）基于突发事件的时间序列和应急管理的全过程建构了政府应急管理绩效评估指标体系，具体由 4 个一级指标、16 个二级指标组成，具体如表 2.20 所示。

表 2.20　政府应急管理绩效评估指标体系

一级指标	二级指标
预防绩效	应急预案体系健全度、应急决策指挥机构健全度、应急执行系统预落实度、应急信息咨询系统、应急预防预警预控系统
过程绩效	组织绩效、协作绩效、监督绩效
效能绩效	应急处置效能、政府声誉升降、媒体评价效能、利益相关者评价
恢复绩效	受害地区和公众的学习效能、社会保障、社会援助、制度完善

杨洪涛和余雅婷（2009）通过对政府危机管理绩效目标的分析，结合层次分析法和平衡计分卡的优点，通过用层次分析法改进的平衡计分卡，在指标体系设计的基础上制定了政府危机管理的绩效评估指标体系，如表 2.21 所示。

表 2.21　政府危机管理绩效评估指标体系

维度	一级指标	二级指标
民众角度	民众满意度	服务质量、社会公众参与度、对民众危机意识的教育程度、民众知情度、民众信任度
资源环境角度	资源环境保障程度	年度预决算、成本效益比率、投入的公平性、法律法规规范程度、信息技术水平
内部控制和管理角度	组织管理能力、过程管理能力、人员管理能力和信息管理水平	组织结构的合理性、组织分工与协调性、组织的工作效率、组织的适应性
创新和成长角度	创新和学习能力	新技术研发与应用能力、工程流程创新改造程度、社会调查频度、创新建议数、服务质量的提高指数、新技能的培训

廖洁明（2009）按照层次分析法、模糊综合评价法、专家评判法、嫡权法确定了突发事件应急管理绩效评估的 5 个一级指标，具体如表 2.22 所示。

表 2.22 突发事件应急管理绩效评估框架

一级指标	二级指标
决策指挥系统绩效	应急机构、日常管理、专家组成、辅助决策、决策效率、预案启动、指挥调度、综合协调、信息反馈
处置系统绩效	应急动员、快速反应、处置措施、救援培训、物资设备调度、人员抢救、财产抢救、灾害控制、恢复重建、总结整改
预置系统绩效	宣传教育、应急意识、应急预防、应急准备、突发事件监测、突发事件预警、培训与演练
信息管理系统绩效	人员保障、物资保障、资金保障、医疗保障、交通保障、通信保障、装备保障、技术保障、紧急避难场所保障、保险保障
资源保障系统绩效	信息管理人员、信息系统建设、信息报送管理、信息采集、信息处理、信息传输

尚志海（2017）在突变理论的基础上，采用突变级数法来进行政府风险管理绩效评估。突变级数法是按照系统内在作用机理，确定若干评价指标，并对这些指标进行无量纲化处理，得到突变模糊隶属度值，并利用突变模型的归一公式进行递归运算，求出系统的综合评价值。最终确定了如表 2.23 所示的指标体系。

表 2.23 灾害管理绩效评估指标体系

一级指标	二级指标
公众满意程度	风险知识教育有效性
	风险沟通渠道畅通度
	公众对政府的信任度
	公众参与管理的热度
城市规划效力	灾害风险体现程度
	城市规划的民主性
	城市规划的执行度
	城市规划追责力度
风险管理投入	风险信息平台建设
	风险管理资金保障
	风险管理法治建设
	风险管理人员建设
抗灾社区建设	社区组织管理效率
	社区风险评估能力
	社区减灾设施配备
	社区居民自救技能

2.4 灾害评估系统

许多国家和地区根据本国灾害的特征和评估需求，研究并开发建立了适合本国或多国情况的灾害评估系统。表2.24、表2.25分别给出了目前国外、国内主要的灾害评估系统。

表 2.24　国外主要的灾害损失评估系统（周洪建，2017）

名称	评估类型	评估内容/指标	评估方法
ECLAC[1]	损失评估 灾害影响评估	社会领域（受灾人口、房屋、教育和文化、健康等）、基础设施领域（能源、饮用水、交通与通信设施等）、经济领域（农业、工业、旅游业等）、其他领域（环境、妇女、宏观经济等）	影子价格法 实地调查 访谈 遥感监测
DaLA[2]	损失评估 需求评估	社会行业（住房、教育、卫生）、生产部门（农业、工业、商业等）、基础设施部门（供水和卫生、供电、交通与通信）	行业统计 实地调查 遥感解释
HAZUS-MH[3]	风险评估 损失评估 需求评估	地震对建筑物、基础设施、交通和公共事业生命线，以及人口等的破坏及损失 海湾、沿海地区和岛屿的飓风对居住、商业、工业用地建筑物的破坏、直接经济损失及造成的逃难所需求数量等 河流和海岸洪水对建筑物、交通生命线、交通工具及农作物的破坏	模型模拟 脆弱性曲线
EXTREMUM （Frolova，2009）	损失快速评估	人员伤亡、房屋倒损	模型模拟
ELER[4] （van Eck et al.，2008）	损失快速评估	建筑物倒损、人员伤亡、城市管网破坏 直接经济损失	模型模拟 经济学
QLARM[5] （Erdik et al.，2010）	损失快速评估 风险评估	建筑物倒塌、人员伤亡	模型模拟 情景分析
PAGER[6]	损失快速评估	可能造成的死亡人口数量、经济损失 预警等级、附近区域类似灾害的损失 基于地域特征可能发生的次生灾害信息	机理模拟 历史案例

1）Handbook for estimating the socio-economic and environment effects of disasters，http://drm.cenn.ge/Trainings/Multi%20Hazard%20Risk%20Assessment/Lectures_ENG/Session%2007%20Risk%20Management/Background/ECLAC/lcmexg5i_VOLUME_IVe.pdf[2021-12-09]

2）Rapid Damage and Loss Assessment，快速损失评估。Rapid Damage and Loss Assessment（DaLA）：December 24-25, 2013 floods-a report by the Government of Saint Vincent and the Grenadines（English），https://documents.worldbank.org/en/publication/documents-reports/documentdetail/213861468302688159/rapid-damage-and-loss-assessment-dala-december-24-25-2013-floods-a-report-by-the-government-of-saint-vincent-and-the-grenadines[2021-03-08]

3）Hazard United States-Multi-Hazard，危害美国-多重危害。FEMA HAZUS-MH Data and Software，https://www.lib.ncsu.edu/gis/hazusmh[2021-03-10]

4）Earthquake Loss Estimation Routine，地震损失估算程序

5）earthQuake Loss Assessment for Response and Mitigation，面向应对和缓解的地震损失评估

6）Prompt Assessment of Global Earthquakes for Response，面向应对的全球地震迅速评估。Prompt assessment of global earthquakes for response（pager）：a system for rapidly determining the impact of earthquakes worldwide，https://pubs.usgs.gov/of/2009/1131/[2021-03-10]

表 2.25　国内主要的灾害损失评估系统

名称	评估类型	评估内容/指标	评估方法
EDEP-93[1] （李树桢等，1995）	损失评估	建筑物的震损状况、直接经济损失（含建筑破坏损失和室内财产损失）、受灾人数	现场调查
MapEDLES[2] （王晓青和丁香，2004）	损失评估	建筑物的破坏面积、室内财产损失、工程结构的直接经济损失、间接经济损失（地震造成的企业停产、减产、搬迁等经济损失）、无家可归人数	现场灾害损失初评估、总评估
PEDEIMS[3] （高杰等，2005）	损失评估	地震影响场生成、建筑物震害预测、生命线震害预测、次生灾害预测、损失评估等	模型计算预测估计
GDAIS[4] （罗培，2005）	危险性评估 风险评估 易损性评估	滑坡、泥石流、崩塌等危险性、易损性分析	构建指标体系、专家打分、加权融合
TELES[5] （Yeh et al.，2006）	风险评估 损失评估	直接经济损失、建筑物损坏、人员伤亡	情景模拟
3S 一体化快速评估震害系统 （李萍等，2007）	快速评估 损失评估	经济损失、伤亡人数	GIS，RS（remote sensing，遥感）和 GPS 相结合
EQRiskAsia[6] 2010 for windows（丁香等，2011）	风险评估 损失评估 综合评估	生命损失评估、经济损失评估、地震风险综合评估、地震快速评估	GIS 分析
HAZ-China[7] （陈洪富，2013）	风险评估 损失评估 快速评估	震感、建筑物破坏情况、人员伤亡情况、居民生活影响、交通系统破坏情况、次生灾害情况	现场损失评估
基于 ShakeMap_CNST 的震害快速评估系统 （刘军等，2019）	快速评估	烈度估计、人员伤亡、受灾人口、房屋破坏面积、直接经济损失	现场调查
基于 IOM（input/output model，输入/输出模型）的暴雨灾害经济损失评估系统（孙彩云，2019）	损失评估	直接经济损失、间接经济损失	IOM
CEDLAS[8] （郑跃等，2020）	风险评估 震中实时评估 震后境况模拟	直接经济损失、间接经济损失、人员伤亡	基于 GIS 平台

续表

名称	评估类型	评估内容/指标	评估方法
甘肃省地震灾害快速评估原型系统（陈文凯等，2020）	损失评估	人员伤亡、建筑物破坏程度	模型模拟

1）Earthquake Damage Evaluation Program，震害评估计算程序

2）Geographical Information System for Estimation of Damage and Losses to Earthquakes，地震现场灾害损失评估地理信息系统

3）Program of Earthquake Disaster Evaluation and its Information Management System，地震灾害预测及其信息管理系统

4）Geological Disasters Assessment Information System，质灾害评估信息系统

5）Taiwan Earthquake Loss Estimation System，台湾地震损失评估系统

6）是 Catastrophe Earthquake Risk Estimation System，地震巨灾风险评估系统的简称

7）HAZ-China，即 HAZards China，全国地震灾害风险评估与划分系统

8）China Earthquake Disaster Loss Assessment System，中国地震灾害损失评估系统

从上述内容可以看出，目前灾害直接损失评估基本形成了比较成熟、完善的体系（刘家养，2017；吴先华等，2017），但是对于灾害社会影响评估的研究和实践比较少（刘佳燕，2006）。在灾害评估中引入灾害社会影响评估的内容，有助于政府和社会力量更好地把握自然灾害对灾区社会造成的各种不利影响，在灾后紧急救援、过渡安置和恢复重建阶段采取合理、有效的应对措施，为灾区群众提供多方面的援助和支持。

2.5 本章小结

灾害评估是灾害管理中的一项基本工作，是全面反映灾害，确定减灾目标，优化防灾、抗灾、救灾措施，评价减灾效益，实施减灾策略的基础依据。本章从灾害风险评估、灾害损失评估、灾害社会影响评估及灾害管理评估四个方面对灾害评估的研究现状和主要方法进行了详细阐述。

第3章 灾害大数据及其获取技术

数据是进行定量分析的基础和支撑。随着互联网、物联网、移动通信等技术的发展和大规模普及应用，人类社会已经进入"大数据"时代。大数据给许多科学研究带来机遇的同时也带来了巨大的挑战。灾害管理的各个环节都会产生数据，从而形成了灾害大数据，这为分析灾害社会影响提供了可能，同时大数据挖掘技术为灾害社会影响的动态定量评估奠定了基础。相比于其他领域的大数据，灾害大数据具有自身的特性。本章首先对大数据进行概述，主要包括大数据的起源和发展，大数据的定义、来源及基本特征，大数据技术三个方面；其次分析灾害大数据的来源、特性和价值；最后详细介绍本书应用到的灾害大数据及其获取方法。

3.1 大数据概述

3.1.1 大数据起源与发展

随着信息技术全面融入社会生活，信息爆炸已经积累到了一个开始引发变革的程度（李志刚，2012）。它不仅使世界充斥着比以往更多的信息，而且其增长速度也在加快。21 世纪是互联网大发展的时代，移动互联、社交网络、电子商务等技术和应用极大拓展了互联网的边界和应用范围，各种数据正在迅速膨胀并变大。互联网（社交、搜索、电商等）、移动互联网（微博、微信等）、物联网（传感器、智慧地球等）、车联网、GPS、医学影像、安全监控、科技金融（银行、股市、保险等）、通信（通话、短信等）等各行各业都在飞速地产生着数据（Lynch，2008）。据统计，在 2006 年个人用户才刚刚迈进 TB 时代，全球一共新产生了约 180 EB 的数据，而到 2011 年，这个数字达到了 1.8 ZB。根据国际权威机构 Statista 的统计和预测，2020 年全球数据产生量达到 47ZB，而到 2035 年，这一数字将达到

2142ZB，全球数据量即将迎来更大规模的爆发。

大数据的起源和发展过程中，出现了许多里程碑性的关键事件。

（1）2008 年 9 月，*Nature* 杂志发表"Big data"专题文章，首次提出大数据概念。

（2）2011 年，*Science* 杂志推出大数据专刊，国际商业机器公司（International Business Machines Corporation，IBM）和麦肯锡咨询公司分别发布大数据调研报告，指出了大数据研究的地位及将给社会带来的价值。

（3）2012 年 3 月，美国奥巴马政府宣布投资 2 亿美元启动"大数据研究和发展计划"。

（4）2012 年 5 月，联合国"全球脉动"（Global Pulse）计划发布《大数据开发：机遇与挑战》报告，阐述了大数据带来的机遇、主要挑战和大数据应用。

（5）2012 年 7 月，联合国在纽约发布了白皮书《大数据促发展：挑战与机遇》，全球大数据的研究进入了前所未有的高潮。

为了紧跟全球大数据技术发展的浪潮，我国政府各大部委、学术界和工业界对大数据也予以了高度关注，关键节点事件有以下几个。

（1）2013 年中国计算机学会发布了《中国大数据技术与产业发展白皮书》，而国家自然科学基金、973 计划、863 计划等重大研究计划都把大数据列为重大研究。

（2）国务院 2015 年 8 月 31 日印发了《促进大数据发展行动纲要》。

（3）国土资源部于 2016 年 7 月印发的《关于促进国土资源大数据应用发展的实施意见》文件里指出，"我国正面临从'数据大国'向'数据强国'转变的历史新机遇，充分利用数据规模优势，实现数据规模、质量和应用水平同步提升，挖掘和释放数据资源的潜在价值，有利于充分发挥数据资源战略性作用，有效提升国家竞争力。将大数据引入政府治理，推进政府数据共享开放，加强大数据分析与挖掘，建立'用数据说话、用数据决策、用数据管理、用数据创新'的管理机制，将有力促进政府从'依靠经验'的定性管理方式迈向'数据驱动'的精准治理方式"。

（4）工业和信息化部（以下简称工信部）于 2016 年 12 月 18 日发布了《大数据产业发展规划（2016-2020 年）》，进一步明确了促进我国大数据产业发展的主要任务、重大工程和保障措施。

（5）国务院 2018 年 3 月 17 日印发了《科学数据管理办法》，进一步加强和规范了科学数据管理，保障科学数据安全，提高开放共享水平，更好地为国家科技创新、经济社会发展和国家安全提供支撑。

（6）交通运输部于 2019 年 12 月 9 日印发了《推进综合交通运输大数据发展行动纲要（2020—2025 年）》，提出"全面识别梳理交通运输领域国家关键数据资源，将重要数据保护纳入交通运输关键信息基础设施安全规划，推进国家关键数据资源全面实现异地容灾备份，推进去标识化、云安全防护、大数据平台安全等数据安全技术普及应用"，"以数据资源赋能交通发展为切入点"，"推动大数据与综合交通运输深度融合，有效构建综合交通大数据中心体系，为加快建设交通强国提供有力支撑"。

（7）工信部于 2020 年 4 月 28 日发布了《关于工业大数据发展的指导意见》，该指导意见提出"促进工业数据汇聚共享、深化数据融合创新、提升数据治理能力、加强数据安全管理，着力打造资源富集、应用繁荣、产业进步、治理有序的工业大数据生态体系"。

3.1.2 大数据的定义、来源及基本特征

大数据是指规模大且复杂以至于很难用现有的数据库管理工具或传统的数据处理应用来处理的数据集（孟小峰和慈祥，2013）。维基百科给出了一个定性的描述：大数据是指无法使用传统和常用的软件技术和工具在一定时间内完成获取、管理和处理的数据集。从上述定义可以看出，大数据的概念已经不在于数据规模的定义，而是包含处理大数据的新的技术和方法，这表示信息技术发展进入了一个新的时代。

维克托·迈尔·舍恩伯格的《大数据时代》一书给出了另外一种方式的定义，认为大数据是人们在大规模数据的基础上可以做到的事情，而这些事情在小规模数据的基础上是无法完成的。该书认为大数据是人们获得新的认知、创造新的价值的源泉，大数据还是改变市场、组织结构及政府与公民关系的方法。因此数据是一种资产；但是和其他金融资产和实物资产不同，它是一种信息资产，能够提供更强的决策分析支撑能力。

当前，根据来源的不同，大数据大致可以分为如下几种类型（李国杰和程学旗，2012）。

（1）来源于"人"：指的是人们在互联网活动及使用移动互联网过程中所产生的各类数据，包括文字、图片和视频等信息。

（2）来源于"机"：指的是各类计算机信息系统产生的数据，以文件、数据库、多媒体等形式存在，也包括审计、日志等自动生成的信息。

（3）来源于"物"：指的是各类数字设备所采集的数据。例如，摄像头不断产生的数字信号、医疗物联网中不断产生的人的各项特征值、天文望远镜所产生的大量数据等。

随着大数据不断被提及，目前许多行业都在积极投入大数据的分析和应用

中，如科学领域、医药领域、商业领域等。不同领域对于大数据的分析应用方式差异巨大，但归纳起来，大数据分析的目标可归为以下几个（冯登国等，2014）。

（1）通过对大数据分析获得知识。人们进行数据分析由来已久，最初目标也是最重要的目标就是获得知识、利用知识。由于大数据包含大量未经处理的真实样本信息，它能够有效地摒弃个体差异，帮助人们透过现象、更准确地把握事物背后的共性规律。基于挖掘出来的知识，人们可以更准确地对将要发生的自然或社会现象进行预测。目前，该方面比较典型的应用包括通过 Google 检索信息挖掘得到流感的传播情况，根据 Twitter 信息预测股票行情等。

（2）通过长期分析掌握个体规律。个体活动在满足某些共性特征的同时，也具有鲜明的个性化特征。企业通过长时间、多维度的数据积累，可以对用户行为分析得出规律，更准确地描绘其个体轮廓，为用户提供更好的个性化产品和服务，以及更准确的广告推荐。例如，Google 通过其大数据产品对用户的习惯和爱好进行分析，帮助广告商评估广告活动效率，预估在未来可能存在高达数十亿美元的市场规模。

（3）通过真伪分析辨识真相。因为网络传播更加方便、更加隐匿，所以网络中的数据质量参差不齐，包含许多错误信息。错误信息不如没有信息。又因为网络中信息的传播更加方便、快捷，所以网络虚假信息造成的危害也更大。目前，大数据分析被用于信息去伪存真。例如，社交点评类网站 Yelp 利用大数据对虚假评论进行过滤，为用户提供更为真实的评论信息，Yahoo 和 Thinkmail 利用大数据分析技术来过滤垃圾邮件。

对于大数据的基本特征，目前大家比较认可的是 IBM 提出的 4V 特征，即规模性（volume）、多样性（variety）、高速性（velocity）、价值性（veracity）。详细解释如下。

（1）规模性：如今数据的存储数量正在呈爆炸式的增长，人类正深陷数据之中。大数据的存储单位已经从千兆字节（gigabyte，GB）、万亿字节（terabyte，TB）级别转向千万亿字节（petabyte，PB）级别，甚至会转向百亿亿字节（exabyte，EB）级别、十万亿亿字节（zettabyte，ZB）级别，其中，1TB=1024GB，1PB=1024TB，1EB=1024PB，1ZB=1024EB。

（2）多样性：随着传感器、智能设备及社交技术的激增，数据不仅包含传统的结构化数据，如财务系统数据、医疗系统数据等，还包含半结构化数据，如超文本、邮件、网页等和非结构化数据，如视频、音频、图片。半结构化数据和非结构化数据占整个数据量的大多数。

（3）高速性：与以往的档案、广播、报纸等传统数据载体不同，大数据的交换和传播是通过互联网、云计算等方式实现的，远比传统媒介快捷。大数据与海量数据的重要区别，除了大数据的数据规模更大以外，大数据对处理数据的响应速度有更严格的要求。实时分析而非批量分析，数据输入、处理与丢弃立刻见效，几乎无延迟。数据的增长速度和处理速度是大数据高速性的重要体现。

（4）价值性：大数据本身蕴含巨大的价值，但价值密度低，其中包含很多冗余信息。大数据的价值呈现稀疏性的特点，对大数据进行挖掘，犹如浪里淘沙却又弥足珍贵。价值性是大数据的核心价值，通过从大量不相关的各种类型的数据中，挖掘出对未来趋势与模式预测分析有价值的数据，并通过机器学习方法、人工智能方法或数据挖掘方法深度分析，发现新规律和新知识，并应用于农业、金融、医疗等各个领域，从而最终改善社会治理、提高生产效率、推进科学研究高质量发展。

大数据技术就像其他的技术革命一样，是从效率提升入手的。大数据的高效计算能力，为人类节省了更多的时间，可以让人类更加接近、了解大自然，增加对自然灾害原因的了解。大数据收集了全局的数据、准确的数据，通过大数据计算统计出事物发展过程中的真相，通过数据分析出人类社会的发展规律、自然界发展规律。利用大数据提供的分析结果来归纳和演绎出事物的发展规律、以分析事物自身规律为基础来提供决策的科学性。通过大数据计算和分析技术，人们将会得到不同的事物真相，不同的事物发展规律。抛弃过去的经验思维和惯性思维，掌握客观规律，跳出仅仅根据历史预测未来的困境。

3.1.3　大数据技术

信息技术的不断进步为大数据时代提供了技术支撑。首先，存储设备的容量增加、速度提升、价格下降为大数据的存储提供了必要的载体；其次，中央处理器（central processing unit，CPU）处理能力的提升使得大数据可以更快地被处理和分析；最后，网络带宽的不断增加使得大数据能够被快速传输。

"大数据"包含的是数据和技术的综合。大数据技术，是指伴随着大数据的采集、存储、分析和应用的相关技术，是一系列使用非传统工具对大量结构化、半结构化和非结构化数据进行处理，从而获得分析和预测结果的一系列数据处理和分析技术。图3.1给出了常用的大数据技术架构（冯登国等，2014）。从图中可以看出大数据处理的关键技术分为：大数据采集、存储和预处理，大数据分析，大数据解释等。

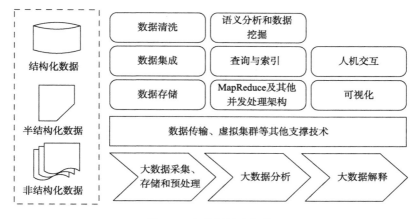

图 3.1　大数据技术架构

1. 大数据采集、存储和预处理

大数据的根本为数据，所以大数据处理的第一步是从数据源采集数据并进行预处理操作，为后继流程提供统一的高质量的数据集。目前，可通过 RFID（radio frequency identification，射频识别）、传感器、社交网络及移动互联网等方式获得各种类型的结构化、半结构化及非结构化的海量数据。

大数据预处理技术主要完成对已接收数据的抽取和清洗等操作。由于大数据来源多样化，因此采集到的数据可能具有多种结构和类型，数据抽取过程可以帮助我们将这些复杂的数据转化为单一的或者便于处理的构型，以达到快速分析处理的目的。由于大数据的来源不一，可能存在不同模式的描述，甚至存在矛盾。采集到的大数据并不全是有价值的，一些数据并不是我们所关心的内容，而另一些数据则是完全错误的干扰项，因此需要对数据进行清洗，以消除相似、重复或不一致的数据，从而得到有效数据。

数据存储之于大数据应用密切相关。某些实时性要求较高的应用，如状态监控，更适合采用流处理模式，直接在清洗和集成后的数据源上进行分析。而大多数其他应用则需要存储，以支持后继更深度的数据分析流程。为了提高数据吞吐量，降低存储成本，通常采用分布式存储技术和系统提供可扩展的大数据存储能力，底层是可靠的分布式文件系统，提供可扩展的文件存储方式，实现大数据的存储、移动、备份等功能。比较有代表性的研究包括 Google 文件系统（Google file system，GFS；Ghemawat et al.，2003）、HDFS[①]和 Haystach（Beaver et al.，2010）、NoSQL 数据库（Moniruzzaman and Hossain，2013）等。

---

① 资料来源：ASF，2018，HDFS Architecture Guide，http://hadoop.apache.org/docs/current/ [2020-11-10]。

2. 大数据分析

大数据的处理和分析，主要是利用分布式的并行编程模型和计算框架，结合机器学习和数据挖掘算法，实现对海量数据的处理和分析，对分析结果进行可视化呈现，帮助人们更好地理解数据、分析数据。

在计算架构方面，MapReduce（Dean and Ghemawat，2008）是当前广泛采用的大数据集成计算模型和框架，图 3.2 是其示意图。为了适应一些对任务完成时间要求较高的分析需求，研究学者对基本的 MapReduce 框架进行了不同程度的改进与优化（Verma et al.，2012；Fang et al.，2008）。Hadoop（Shvachko et al.，2010）和 Spark（Zaharia et al.，2016）是目前主流的两大大数据计算平台。同时，近年来也不断涌现出了各种新的计算模型，包括高实时性低延迟的流式计算、具有复杂数据关系的图计算、面向复杂数据分析挖掘的迭代和交互计算、面向数据检索的查询分析类计算、面向高实时性要求的内存计算，等等。

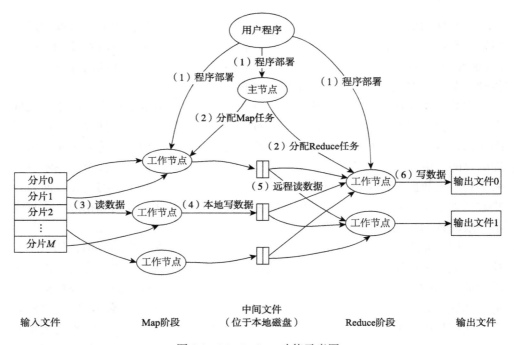

图 3.2 MapReduce 功能示意图

在数据分析和处理方面，主要利用数据挖掘和机器学习技术从大数据中提取隐含在其中的潜在有用的信息和知识。数据挖掘涉及的技术和方法很多，如多维数据分析、分类、聚类、回归、关联规则发现等。在大数据的分析过程中，需要对传统数据挖掘方法进行并行化设计和改造（Su et al.，2015；Shan，2014）。目前，大数据挖掘技术在不同领域得到了不同程度的应用,如社交关系挖掘(李振军等,2018)、推荐系统、商业智能分析、Web 数据挖掘、搜索引擎、图片和视频的分析和挖掘、文本挖掘(黄发良等,2017)等。近年来应用广泛的深度学习方法在海量数据背景下的图像处理、语音识别、自然语言处理等领域都取得了显著的效果。

3. 大数据解释

目前,大数据解释主要借助于可视化(data visualization)和人机交互(human computer interaction)的技术将大数据挖掘结果以一种用户更容易理解的方式展示出来。数据可视化能够帮助普通用户、决策人员、数据分析专家直观理解数据的含义及其所反映的规律和模式。目前已经存在一些针对大规模数据的可视化研究(Fiaz et al., 2016; Keim et al., 2013),这些研究通过数据投影、维度降解或显示墙等方法来解决大规模数据的显示问题。人机交互技术是指通过计算机输入、输出设备,以有效的方式实现人与计算机对话的技术。由于人类的视觉敏感度限制了更大屏幕显示的有效性,因此目前人机交互技术作为以人为中心的交互设计技术也经常被用于大数据分析结果展示(Heimgärtner and Kindermann, 2012)。

3.2　灾　害　大　数　据

面对大数据的迅猛发展,各个行业、领域、机构等都开始纷纷构建大数据应用系统,旨在从大数据中挖掘潜在的社会和商业价值,提高企业的竞争力。目前,灾害信息系统的发展在国际社会尤其是欧美发达国家得到了极大的重视和推动。在灾害管理领域,大数据技术可以将有价值的信息从这些海量的数据中提取出来(Hristidis et al., 2010),为灾害管理提供有效的数据处理和分析手段,大大提升灾害预测和应急管理等方面的能力。2014 年,美国政府和日本政府联合发布了利用大数据技术来帮助灾害研究的专项研究计划①,让大数据时代的灾害信息管理成为较重要和最前沿的研究课题之一。

3.2.1　灾害大数据的来源

灾害发生前后的每个环节都会产生大量的数据,包括预防预警过程、灾害发生过程、事后灾害补救过程等。灾害信息管理领域的数据主要由如下一些典型的

---

① US-Japan Big Data and Disaster Research (BDD), https://www.nsf.gov/pubs/2014/nsf14575/nsf14575.htm [2021-12-09]。

数据类型组成：新闻媒体报道、政府网站信息、社交网络数据、终端采集数据（如遥感数据、卫星图片）等。这些灾害数据开拓了过去无可比拟的广阔的信息来源，数据挖掘的深度、广度和前瞻性研究均提高到一个新的层面。

与灾害相关的大数据来源于"人-物-网"三个不同的空间。所谓"人"主要是指受灾群体或灾害波及影响的群体；所谓"物"是指灾害影响的物理空间；所谓"网"是指灾害发生的瞬间或其后在网络空间涌现了大量与灾害发生和演进过程相关的数据。每一个不同的空间又包含多个不同的来源，简单列表如下（表3.1）。

表 3.1　灾害大数据来源

空间大数据	具体来源
受灾群体空间大数据	出租车数据
	公交 IC[1] 卡刷卡数据
	移动通话数据
	志愿者定位数据
	自行车租赁数据
	签到数据
受灾物理空间大数据	无线传感器网络数据
	公共安全监控系统数据
	移动终端数据
灾情相关网络空间大数据	微博数据
	新闻网数据
	网络论坛数据
	即时通信数据

1）集成电路：integrated circuit，IC

3.2.2　灾害大数据的特性

美国国家研究委员会（National Research Council，NRC）做过一个关于信息技术在灾害信息管理领域中作用的调研报告（Rao et al.，2007）。报告指出：灾害信息管理领域中信息的独特性使该领域中的信息管理、处理和分析面临很大的挑战。这些独特性包括：①产生和消费大量的信息；②信息交互具有较高的时间敏感性；③需要对信息源的可信度进行区分；④缺乏领域内的通用术语；⑤静态、动态和流数据混杂；⑥异构的数据众多。

在灾害信息管理领域中，如何快速、准确地从海量灾害数据中提取出有价值的信息对灾前准备和灾后恢复具有决定性的作用，因此也对使用的数据处理技术提出了很高的要求。黄越和李涛（2015）结合上述灾害数据的独特性，将灾害大数据处理的难点总结为以下 6 方面。

（1）信息匮乏和信息爆炸。大多数灾害的发生具有偶然性和不可预知性。与其他领域的信息生成特点不同，灾害信息在通常情况下（即在灾害未发生之前）并不会大量存在，而在灾害临近、发生过程中，以及发生后的短暂时间范围内出现爆发式的增长，信息的表现形式也非常的多样化。

（2）信息存在冗余。灾害发生中或发生后，不同的信息渠道会有很多关于灾害事件的报道。将重复信息进行分类并且从多样的重复信息中识别并整合最具代表性的信息，可以极大地节约信息的管理成本和查询成本，提高数据中有价值信息的密度。

（3）信息存在不一致。信息的不一致往往出现在同一灾害的信息中。不同的信息渠道，甚至是同一信息来源的不同时期，对一个灾害的描述通常也会不一致。以地震灾害的发生为例，与之相关的重要信息，如地震的范围、地震中心、人员伤亡、救援情况等，不同机构和媒体的报道会出现很多不一致的地方。在大量的相关数据中，找到最准确、可靠的内容并过滤模糊信息，对于准确了解灾情并迅速开展和组织赈灾工作非常重要。

（4）时间和地理位置敏感。灾害信息具有很高的时间敏感性，尽管有些灾害发生的时间跨度比较大，但是只有对灾害情况的最新报道才有价值，人们通常也只愿意关注刚刚发生或将要发生的事件。另外，几乎所有的灾害事件都有地理信息与之关联，快速关联和准确定位灾害事件的发生范围有助于及时发布预警和顺利组织援助。

（5）用户的角色复杂。相同的灾害信息对不同的机构、组织或个人都有不同的作用。灾害信息管理需要按角色管理用户并且对信息进行分类。通过对信息传播的途径、范围和受众的管理可以提高信息密度，同时，也能提升信息安全和隐私保护的水平。

（6）领域知识的使用。领域实践和经验知识对一个有效的灾害信息管理是必不可少的支持。需要在长期的实践过程中和灾害管理专家、机构、相关政府部门及企业合作伙伴之间进行不断的交流和沟通，从而提供给系统设计人员和数据分析人员更好的机会来了解社会资源和实体间具体的沟通和交流方式，得到真实需求，从根本上解决系统的实用性。

3.2.3　灾害大数据的价值

灾害管理旨在有效地应对和避免自然灾害、战争、恐怖袭击等紧急事件对社会和民众带来的财产损失和生命威胁（黄越和李涛，2015）。灾害管理是一个连续过程，主要包括了在灾害未发生时的预防，灾害发生之前的准备，灾害发生过程中的响应及灾害发生后的恢复四个方面。

灾害管理作为一个庞大的管理体系与整个国民经济息息相关。政府间各个部门、非政府组织、民间团体甚至个人需要紧密合作，建立顺畅的信息沟通渠道和合理的资源共享平台。近年来，信息的爆炸式增长使得原来单纯依靠收集、存储和查询数据的简单管理方式在大数据环境下不再实用。因此，迫切需要有效的数据处理和分析手段将有价值的信息从不断增长的海量数据中提取出来。大数据挖掘技术建立了从数据到信息再到知识的转化流程，提供了高效处理复杂数据的工具和方法，因而具备很强的应用潜力，能够将灾害信息管理水平提升到一个新的台阶。目前，越来越多的研究者和管理者意识到利用大数据思维开展自然灾害监测预警、后期灾害恢复重建、救助补偿和心理救援的重要性。

具体来讲，大数据对于灾害管理的意义如下。

（1）运用大数据进行灾害分析预测，提高对灾害的灾前准备效率。大数据技术对互联网数据和文本信息进行实时监测和分析，可以对突发灾害进行早期监测预警，进而实现有针对性的早期的防灾救灾。收集某地区历年发生各种灾害的频率和强度等相关信息，对该地区进行常发、频发灾害的大数据分析。运用数据分析综合集成技术进行研判预测，了解所管辖地区的风险点和重大风险源，如为预防风暴和海浪袭击而建立的海浪检测系统、图像处理技术、多源数据融合技术、卫星数据与地面监控系统和可视化技术等。通过信息媒介及时向公众传递灾害信息，从而进行突发灾害前准备工作，使民众做好灾害来临的心理等方面的准备。通过大数据技术分析可以对个体的行为模式进行研究、研判，了解各种灾害发生后各类人群的行为偏好。这给引导协调各种人力、资源提供了依据，给进行下一步的应急响应决策预留了可贵的时间。

（2）增强信息获取和运用能力，提高防灾减灾的引导能力。从中央到地方，我国各级政府有关部门已在信息化建设过程中初步建立起服务于各级部门的应急管理信息系统，一些地方还完成了应急平台方案设计、组成框架、标准制定和应急信息资源整合，可以将这些分散的应急信息系统进行结合、整合、集成和共享，也要善用民间建立的各种灾害预防与响应信息系统，从多渠道获得信息，破除信息收集壁垒，消除信息孤岛。推进数据资源向社会开放，增强政府公信力。收集分析和处理灾害大数据的应用程序，仿照人类思维逻辑实现智能判断处理，可依赖语义分析、地域分析等技术，从而有效地对信息进行关联预测，给灾前乃至整个防灾救灾过程引导提供可靠的大数据支持，有效引导灾害响应相关部门，进行人力等资源的合理配置。

（3）运用大数据思维进行应急响应，有效开展灾害救助引导控制工作。面对大数据，传统的资料管理手段和人工作业方式，在准确性、针对性、及时性、科学性和效率性方面已不能适应当前灾害救助，特别是灾害应急工作的需要。在传统管理模式下，应急决策大多是依据个人经验的直觉决策。使用大数据技术辅助决策分析可以使应急管理者在紧急情况下和较短时间内做出的决策达到更科学、合理的水平。运用大数据思考处理应急响应问题可以对灾害进行指导、控制和协同工作，提高防灾救灾决策的科学性、准确性、系统性和有效性。

我们以灾害大数据为研究对象，旨在通过基于大数据的数据采集、处理、分析和挖掘等技术，发现灾害社会影响的新维度，探索一种更为全面、客观的灾害社会影响框架和科学的社会影响动态评估方法。

3.3　受灾群体空间大数据

数据是定量分析的重要支撑。单一的数据获取手段不能保障灾害管理部门全面客观地评估灾情（段华明和何阳，2016）。灾害发生后，数据会快速产生于"人-物-网"三维空间中，与灾害相关的"人-物-网"三维空间大数据为灾害社会影响评估提供了新的维度，综合多种数据是进行定量评估的必要条件。

从大规模群体空间来讲，灾害发生后，相关群众会自发地或根据政府的指示进行疏散、避难，由此会出现各类人流聚集、车流 GPS 轨迹、公交刷卡等群体移动轨迹大数据。个体/群体在地理空间的移动上有多种表现形式，如交通运输工具的位置变化、随身携带设备的位移过程等都是个体/群体空间移动特征的真实写照（陆锋等，2014）。大数据时代，随着传感器网络、移动定位、无线通信和移动互联网技术的快速发展与普及，获取时空精细度更高的海量个体移动轨迹和相互作用成为可能，促进了群体移动行为特征分析的定量化分析。常见的与群体移动轨迹相关的大数据有以下几种。

3.3.1　出租车数据

出租车轨迹包含着丰富的人群移动信息，此类数据记录了部分乘客在城市路网限制下的部分时空轨迹，反映的多是作为公共交通工具的出租车的行驶轨迹特征和出租车司机的驾驶行为特征。出租车是一种特殊的公共交通工具，具有全天候运营、数据实时性、运行路线和时间完全由乘客决定等特征，许多城市出租车安装有 GPS 终端，出租车 GPS 轨迹具有易收集、分布广、数据量大等特点。因此，出租车 GPS 轨迹数据是居民出行行为分析很好的数据来源，能很好地反映居民的出行时空规律（黄顺伦等，2017）。

在出租车行驶过程中，车载 GPS 接收机可自动搜索并接收 GPS 导航卫星发射的信息，记录包含序号、车牌号、车辆颜色、加密、GPS 时间、经纬度、方向、速度、载客状态等。通常需要对 GPS 终端进行必要的设置，其中采样频率是一个重要的参数，一般设置为数秒（现实中由于行车环境的影响，记录采样时间间隔可能不恒定）。这些信息将会通过通信塔传送到信息中心，信息中心对出租车车载终端设备所采集的数据进行接收、存储、地位追踪、实时调度及信息服务。

表 3.2 给出了某市出租车移动轨迹数据的示例，每条数据包含完整的 GPS 基本参数，如经纬度等参数，其中载客状态中的 1 表示载客，0 表示无客。从表中数据可以看出，出租车移动轨迹数据可作为分析群体移动行为的数据支撑。

表 3.2　出租车移动轨迹数据示例

出租车编号	经度	纬度	载客状况	时间
1001×	104.136 604	30.624 806	1	2019-08-03 21：18：46
1001×	104.136 612	30.624 809	1	2019-08-03 21：18：15
1001×	104.136 587	30.624 811	1	2019-08-03 21：20：17
1001×	104.136 596	30.624 811	1	2019-08-03 21：19：16
1001×	104.136 619	30.624 811	0	2019-08-03 21：17：44
1001×	104.136 589	30.624 813	1	2019-08-03 21：19：46
1001×	104.136 585	30.624 815	0	2019-08-03 21：21：18
1001×	104.136 587	30.624 815	1	2019-08-03 21：20：48
1001×	104.136 639	30.624 815	1	2019-08-03 21：17：14
1001×	104.136 569	30.624 816	1	2019-08-03 21：22：50

3.3.2　公交 IC 卡刷卡数据

公交 IC 卡刷卡数据是一种大规模的具有地理标识和时间标签的数据（谢振东等，2018）。公交 IC 卡目前已被广泛用于公共交通费用支付，可反映海量城市居民的出行情况，能较全面地覆盖城市人群。表 3.3 给出了某市公交 IC 卡刷卡数据部分示例，每条数据具体包括卡号、日期、时间、站点、乘坐方式、金额和刷卡属性。

表 3.3　公交 IC 卡刷卡数据示例

编号	卡号	日期	时间	站点	乘坐方式	金额/元	刷卡属性
0	3102664×××	2020-03-01	22：03：05	3 号线曹杨路	地铁	4	非优惠
1	3102664×××	2020-03-01	11：38：03	3 号线虹口足球场	地铁	3	优惠
2	3102664×××	2020-03-01	10：51：52	11 号线枫桥路	地铁	3	非优惠

续表

编号	卡号	日期	时间	站点	乘坐方式	金额/元	刷卡属性
3	3102664×××	2020-03-01	21：43：07	3 号线虹口足球场	地铁	4	非优惠
4	602141×××	2020-03-01	8：35：04	1 号线莘庄	地铁	5	非优惠
5	602141×××	2020-03-01	14：05：05	2 号线虹桥火车站	地铁	5	非优惠
6	602141×××	2020-03-01	9：29：05	4 号线大连路	地铁	5	非优惠
7	602141×××	2020-03-01	13：08：13	4 号线大连路	地铁	4	非优惠
8	2804568×××	2020-03-01	9：19：43	9 号线嘉善路	地铁	3	优惠

通过分析公交 IC 卡刷卡数据，可有效地反映出持卡用户的出行行为特征、通勤行为与职住关系，以及城市土地利用特征和城市结构等。但此类数据只能粗粒度描述对象在不同刷卡位置间的移动，数据连续性欠佳。

3.3.3　移动通话数据

移动电话与用户一对一绑定、随时随地随身携带的特点使之成为体现人们位置信息的新载体。据统计平均每天每人拨打 6.55 分钟电话，发送 1.67 条短信，活跃的通信行为产生了规模巨大的通话日志大数据（石立兴，2015），结合通信小区的位置信息，丰富的呼叫详细记录为描绘人们的位置信息和移动行为提供了一个全新的途径。时间、地点、人物，记录着每一个用户的生活轨迹，千万个用户移动行为的汇聚就是一个地区的社会生活状态的描绘。移动通话记录具有人类行为的时空特性，可以被当作人类行为的传感信息。手机终端定位与通信记录规模大、时间更连续，可广泛用于个体及群体移动行为规律探索。然而，由于手机终端定位一般来自移动通信运营商，存在两个明显的局限性：①绝大多数运营商只有发生通信行为时才能感知手机用户的位置，因此从手机终端定位数据中构建的用户轨迹只是用户实际出行轨迹的一个粗略概化；②手机终端定位一般采取基于蜂窝网基站 ID 定位（celluar base station ID location）方式，所记录的用户位置是基于通信行为发生时所依附的路由基站位置的统计推断，并非用户精确位置。

相关数据可来源于当地城市的运营商，通过搜集到的中等城市的语音通话记录数据进行筛选和处理作为群体空间位置的反应。表 3.4 为移动通话数据示例，其中每个表格字段的解释分别为：userid 为用户标识 ID、area 为通话所在地区号、dir 为通话方向标志（0 表示拨打电话，1 表示接听）、opp_nbr 为加密了的对方号码（限于篇幅，只显示了号码的一部分）、com 为对方运营商编号、self_cellid 为当前用户通话所在的基站、begin_time 为通话起始时间、dur 为通话时长（以秒为单位）。

表 3.4　移动通话数据示例

userid	area	dir	opp_nbr	com	self_cellid	begin_time	dur
19031693×××	027	1	4639f15...	12	4 306 813	2019-08-16 11：06：24	144
19030627×××	027	1	75a550...	10	2 805 402	2019-08-01 18：44：21	50
15019311×××	027	1	554db8...	11	4 405 703	2019-08-15 13：02：33	13
19036052×××	027	1	151621...	10	2 808 342	2019-08-19 14：11：43	7
19044849×××	027	0	e69b25...	12	2 705 192	2019-08-20 10：32：42	21
15006983×××	027	1	92f501...	10	4 306 483	2019-08-28 18：16：24	63
19045003×××	027	0	09606...	11	2 806 452	2019-08-12 11：27：40	94
19032603×××	0510	1	8cd96c...	11	48 803	2019-08-07 10：43：49	5

3.3.4　志愿者定位数据

志愿者定位数据通过向志愿者发放 GPS 接收机来采集个体的移动轨迹信息（朱晨曦和晏王波，2016）。志愿者 GPS 数据的优点是针对个人的采样率高，即个人轨迹较密集，能够真实反映个人完整的移动轨迹。缺点是样本量较小，不能进行大规模、大范围的人类移动行为分析。

3.3.5　自行车租赁数据

自行车租赁系统可自动记录所有自行车的出借/归还时间和位置（莫娇等，2015），其租赁记录可以粗略反映一部分城市人群的出行信息，但信息量较少且覆盖人群较为有限，因此无法针对个体出行，一般只能从群体层面上对各租赁点的自行车使用情况做时序分析，以反映城市出行行为在空间上的动态变化特征。

3.3.6　签到数据

基于地理位置的社交网络是位置与社交的结合，支持用户随时随地分享自己的位置信息（宋晓宇等，2013）。在基于位置的社交网络服务（如 Twitter、新浪微博等）中，将用户通过移动终端上传当前位置的行为称为签到（check in），由此产生的带有位置标签（Geo-tag）的数据称为签到数据。个人签到数据可以表示个人的历史移动轨迹，大量用户的签到数据可以揭示人类的移动模式和生活规律（胡庆武等，2014）。通常情况下，签到数据不但具有地理位置信息，还包含该位置上所承载的兴趣点（point of interest，POI）语义信息，由于签到数据是带有地理信息的社交网络数据，既可以反映用户的移动行为，又可以反映用户的社交网络行为。然而，签到数据有一个明显的局限性，即用户只有在主动签到时才有记录，导致用户个人轨迹通常比较稀疏。

可从各社交网站平台爬取相关数据，表 3.5 给出了某社交平台的签到数据示例，主要选取 5 个字段，分别为：用户 ID（user_id）、签到时间（checkin_time）、经度（lng）、纬度（lat）、位置 ID（location_id）。

表 3.5　签到数据示例

user_id	checkin_time	lng	lat	location_id
0007×	2019-10-19 23：55：27	30.235 909 12	−97.795 139 58	22 847
0007×	2019-10-18 22：55：27	30.269 102 95	−97.749 395 37	420 315
0007×	2019-10-17 23：55：27	30.255 730 99	−97.763 385 77	316 637
0007×	2019-10-16 19：55：27	30.263 418 12	−97.757 596 67	16 516
0007×	2019-10-12 18：55：27	30.274 291 86	−97.740 522 62	5 535 878
0007×	2019-10-12 23：55：27	30.261 599 40	−97.758 580 60	15 372
0007×	2019-10-12 22：55：27	30.267 909 58	−97.749 312 42	21 714
0007×	2019-10-12 19：55：27	30.269 102 95	−97.749 395 37	420 315
0007×	2019-10-12 15：55：27	30.281 120 41	−97.745 211 12	153 505
0007×	2019-10-12 15：55：27	30.269 102 95	−97.749 395 37	420 315

3.4　受灾物理空间大数据

从复杂物理环境空间来讲，通过灾害现场的各种公共安全监测系统、移动终端、传感器网络借助于物联网技术可以采集灾害现场的图像、音频、视频等物理空间的数据。

3.4.1　无线传感器网络数据

无线传感器网络是由部署在监测区域内的大量廉价微型传感器节点组成，通过无线通信方式形成一个多跳的、自组织的网络系统（郑锋凯，2010），其目的是协作地感知、采集和处理网络覆盖区域中感知对象的信息，具有低成本、微型化、低功耗、规模大和适用于无人看守环境等优点。传感器节点中内置有形式多样的传感器探测设备，可以用来测量其所在周边环境的热、光、压力、地震波和流量等信号值，并将其通过无线传输通信网传输给观察者，如表 3.6 所示。无线传感器网络通常是由专门的机构部署，如地震勘测部门、气象部门等，这些机构针对不同类型的数据都有专门的检测系统和处理方法。

表 3.6　传感器数据示例

编号	节点	温度/℃	湿度(Rh)	光照/lx	PM2.5	集中器	时间
1	52	25	31.8%	152.5		9	2020-05-17 09：12：48
2	11	24.7	28.8%	93.3		9	2020-05-17 09：12：49
3	53	25.2	40.4%	90.8		9	2020-05-17 09：12：52
4	6	25.1	50.3%	41.6		9	2020-05-17 09：12：54
5	13	25.1	31.2%	140.8		3	2020-05-17 09：13：00
6	12	24.9	33.4%	64.1		3	2020-05-17 09：12：51
7	51	24.9	49%	107.4	0.7	3	2020-05-17 09：12：48
8	12	24.9	33.5%	65		3	2020-05-17 09：13：03

3.4.2　公共安全监控系统数据

　　视频监控系统发挥着越来越重要的作用，它广泛应用于国防建设、交通管制、智能保安，以及政府机关、银行、仓库等一些敏感场所的实时监控。视频监控系统使管理人员在监控控制室中就能观察到前端监控防范区域内所有人员活动情况的图像和视频信息并做好存储记录，为整个系统提供动态图像信息。伴随现代计算机技术、多媒体技术、网络技术和数字图像压缩技术的迅猛发展而诞生的硬盘录像机（digital video recorder，DVR）数字监控系统，是以计算机为核心的多媒体监控。随着社会的数字化、网络化步伐的加快，传统模拟监控系统必将被新一代的数字化、网络化多媒体管理监控系统所取代。

　　监控联网系统大多以城市为单位，在要害部门、重点部位、公共场所、交通路口等安装摄像头等前端监控设备，实时监控图像通过网络传输至监控中心，即可实现人在监控中心就能对特定场所进行实时监控，为灾情的调查提供第一手资料。在有效监控图像和视频的基础上，采用针对不同自然灾害的图像、视频处理算法进行识别，根据具体识别结果给出正确的报警信息，进一步基于图像和视频内容分析形成视频监控报警系统。

3.4.3　移动终端数据

　　随着各类科学技术的不断发展进步，灾害现场监测的方法也在不断发生变化。最初的灾害现场监测主要是预警人员在现场纸质记录灾害信息，再将纸质信息运输到室内由专家分析预警。人工记录信息，监测范围和监测指标可以灵活选择，但记录和运输纸质信息不仅成本高而且数据实时性差，容易贻误预警时机。随着无线网络技术的发展，可以通过在现场安装专业化的预警仪器获取灾害信息并将信息通过无线网发送到室内由专家分析预警。这种方式工作量小，数据实时性好，但仪器放在野外，需长期工作，而野外供电不方便，当遇到高温、高湿等环境时仪器容易损坏，而且仪器只能在固定地点监测，所能监测的范围有限，容易造成信息获取不全等情况。

目前，移动互联网技术已经比较成熟。可以通过移动终端解决以上问题，监测人员到达现场，将描述灾害信息的文字、图像或者视频等通过移动终端录入并通过无线网传输到室内。该方法不仅能够大大简化信息录入，减轻工作强度，降低传输成本，而且能够随时跟踪灾害的变化使得获取的信息全面、有效并缩短信息传输时间，从而使预警专家能够及时、全面地获取灾害信息，提高预警决策水平。智能移动终端的便捷，良好的用户体验，移动互联网的技术支持，语音识别、人机交互技术的支持，实现了随时随地获取需要的信息的可能。

3.5 灾害相关网络空间大数据

从网络空间来讲，随着互联网技术、Web2.0 技术的迅猛发展，网络传播的影响力越来越强大。灾害发生后，民众通过微博、博客、微信、QQ 等社交媒体发布危机预警、伤亡情况、避难场所等信息，同时也会发布自身对灾害的经历和感受，这些数据有效表达了民众自身的心理状态，表达了对灾害各方面的评价。对社交网络上的海量数据进行采集、整理、挖掘和可视化对于研究用户在灾害发生时及发生后在社交网络中的行为、传播、影响力、心理状态等方面具有重要的意义。下面介绍几种常见的并在本书研究过程中应用的社交网络数据。

3.5.1 微博数据

微博与群体行为的结合是时代的产物，其影响力、影响范围都是巨大的。微博的存在与广泛利用，使得灾情的传播更加复杂和多元化，扩大了灾害的传播影响，方便受灾群众表达心理状态。目前国内较具代表性的微博主要有新浪微博等，这些网站依靠本身的影响力与巨大的用户群，占据了大部分微博用户，有较大的社会影响力，仅仅是新浪微博每天就会产生超过一亿条数据。微博数据有关于博主主页的信息及转发和评论内容的信息，博主主页信息包括博主昵称、关注数、粉丝数、微博数、博文内容、发布时间、发布终端、转发数、评论数、点赞数等；评论内容包括博主昵称、评论内容、发布时间、点赞数和回复数等；转发内容包括博主昵称、评论内容、发布时间、点赞数和转发数等。

微博数据主要基于网络爬虫的方式获取，可以根据数据分析的需要设定爬取规则，方式简单，成本低，容易实现。我们通过自制网络爬虫爬取了 2016 年的"6·23"盐城龙卷风、2017 年的"9·17"重庆暴雨、2014 年的"4·7""4·21"曲靖矿难、2013 年的"3·29"八宝矿难、2012 年的"7·21"北京暴雨等灾害的微博空间大数据，并通过网页解析技术来获取需要的数据。对于每一条微博，我们爬取了微博主、微博独立网址、转发数、评论数和点赞数。

在爬行策略方面，我们一方面采用注册多个开发者账号并行进行抓取，另一方面利用新浪微博提供的应用程序接口（application programming interface，API）来适当剪枝。新浪微博提供的接口虽然不能返回关于某一条微博的所有数据，但是可以准确提供关于某一条微博的转发数等信息。在获取了微博网络舆情之后，接下来需要从中解析出用户之间的转发关系。首先分析新浪微博的转发计数规则。对于形如"User：Content3 //@ User1：Content2 //@ User2 Content1"的转发链，如果 User 所发微博无人转发，则 User 的微博转发数为 0，而 User 是转发的 User1 的微博，所以 User1 的微博转发数为 1，又因 User1 转发自 User2，所以 User2 微博转发数本应为 1，但实际转发数却为 2。由此可知，新浪微博的转发数计数并不是指的直接转发数，而是统计的该条微博的转发总数。基于上述的分析，我们提出采用递归移除关系的方法来解析微博用户之间的转发关系。

本书实验过程中所获取的数据如表 3.7 所示，这些网络舆情数据为后续研究提供了强有力的数据支撑。

表 3.7 　实验中所用数据统计表

序号	灾害名称	数据量/条
1	北京暴雨	150 000
2	曲靖矿难	6 187
3	重庆暴雨	451
4	八宝矿难	18 200
5	盐城龙卷风	6 230
6	利奇马台风	248 554

3.5.2　新闻网数据

新闻网站既包括新华网、人民网等国家新闻网站，也包括新浪、网易、腾讯等商业新闻网站。网络新闻发布与网络新闻评论是新闻网站的主要业务。新闻网络是发展最早、最基本的网络信息交流平台，其发布的网络新闻往往是一段时间内的焦点和热点，覆盖面较广，其专题新闻报道是灾害网络舆情数据采集和抽取的重要信息来源。对于每一条新闻我们爬取了新闻标题、新闻来源和新闻内容概要等。

3.5.3　网络论坛数据

网络论坛，其中以天涯、猫扑等最具代表性。论坛的互动性较强，民众可以随时地发布代表个人观点的帖文，群体相对稳定，自由度较高，是灾害相关网络空间大数据采集的重要领域。对于每一条论坛帖子，我们主要爬取了帖子标题、帖子来源和帖子内容。

3.5.4　即时通信数据

随着科学技术的不断发展进步，QQ、ICQ、微信、MSN 等即时通信工具成为人们所越来越关注的互联网应用。据统计，即时通信用户每周平均最常使用即时通信软件的使用次数是 5.68 次，即时通信用户日均最常使用即时通信软件的使用时间为 3.69 小时，即时通信用户好友列表平均人数为 47.96 人。即时通信服务的功能应用日益丰富，已经从点对点的人际传播逐渐扩展至小范围的多点传播，其在网络舆情的发生发展过程中的影响力越来越大。可通过监控即时通信软件及时发现相关网络舆情并进行预警，及时控制消极舆论传播。

3.6　本 章 小 结

大数据本质上是一种新型信息资源，相对于传统数据，它具有更强的决策分析支撑能力。大数据技术的发展及相应基础设施的建设为灾害社会影响的评估、管理与决策开辟了新空间。本章主要围绕大数据与灾害大数据展开，首先介绍了大数据的起源、发展、定义、特征，并给出了大数据的处理技术；其次分析了灾害大数据的来源、特性及灾害大数据对于灾害管理的意义；最后重点阐述了面向灾害社会影响评估的灾害大数据及其获取方法，为后续的灾害大数据分析提供了数据基础。

第4章 受灾群体的移动行为分析

虽然人类的行为具有复杂性和多样性，但群体移动行为仍然反映着人类社交和移动的固有特性，深入挖掘人类空间活动背后的统计特性和动机，对探索人类的行为方式和特点有着重要意义。灾害发生后，受灾民众会自发地或者在相关部门的引导下进行撤离疏散，形成大量的移动行为数据，如公交车打卡数据、移动通信数据等。通过分析这些移动行为数据，可以有效刻画受灾群体的出行规律、移动模式，并从中发现灾害发生前后受灾群体移动行为的变化情况。本书把灾害对受灾群体移动行为的影响作为灾害社会影响分析的新指标，认为灾害对群体移动行为特征的影响体现了灾害对人们生活方式的影响。本章首先概述轨迹行为数据，其次介绍受灾群体移动行为的四个表现特征，最后以出租车轨迹数据为例，给出移动行为分析结果。

4.1 轨迹行为数据

位置服务（location based service，LBS）是近年来新兴的移动计算服务。随着卫星通信和位置获取技术的发展，获取目标在某一时刻的空间位置信息变得越来越便利，各种应用在提供移动服务的同时，积累大量位置数据，形成位置大数据（location big data，LBD），主要来源于 GPS 轨迹数据、手机基站定位数据、智能卡的公共交通乘坐信息、基于位置的社交网络签到数据、无线网络的定位数据等（郭迟等，2014）。目前，位置服务、数据挖掘和机器学习领域，已经涌现出一批针对位置大数据的优秀成果，其所使用的数据集在体量和复杂性上均达到了"大"数据的层次，代表性实例如表 4.1 所示。

表 4.1　位置大数据代表性实例

移动目标	目标数量/辆	持续时间/天	记录数量/条	研究目的
出租车	12 000	110	577 000 000	寻找乘客和空闲出租车（Yuan et al., 2013），推断交通异常（Chawla et al., 2012）
	7 475	385	3 000 000 000	土地规划分类（Pan et al., 2013）
移动电话	50 000	90	10 000 000	研究人们移动行为的可预测性（Song et al., 2010）
	1 500 000	450	—	研究人们移动行为的独一性（de Montjoye et al., 2013）
	1 600 000	365	—	模拟灾后人们大规模移动行为（Song et al., 2013）
社交网站	632 611	30	15 944 084	模拟疾病传播（Sadilek et al., 2012）

　　不同移动位置按照时间先后顺序排成的序列便组成了人们的移动轨迹，即移动轨迹可以看作移动对象随着时间的变化在空间留下的印记。移动轨迹数据主要围绕车辆、船舶、人员及动物等移动对象产生，具有典型的对象相关特性，如某车辆一天的行驶轨迹数据、鸟类迁徙的飞行轨迹数据等。这些轨迹数据又都涉及时间和空间两个维度的属性，往往可以看作移动对象在特定空间（如交通路网）内的时间序列数据，具有一定的时空关联关系和分布特征，大多轨迹分析应用也都是围绕着这些具有时空属性的数据展开的（张宽，2020）。

　　近年来，随着智能手机的普及和多种位置采集技术的覆盖，大量的用户位置信息被采集，使得轨迹数据来源复杂多样，数据量越来越大，数据更新频繁。轨迹数据逐渐变成轨迹大数据，如何高效地存储、管理并分析、运用这些轨迹行为大数据，被越来越多的研究机构和企业所关注。轨迹大数据蕴含着大量有价值的信息，从狭义角度来看，轨迹数据中隐含了移动对象的运动模式与规律。比如，可以从轨迹中挖掘用户行为进而推断用户的意图和生活模式、移动模式（出行的高峰期、出行需要花费的时间、移动的距离等），在城市中发现访问热点的区域，选择广告牌放置的位置。从广义角度来看，海量的时空轨迹数据可以揭示城市的发展规律和社会的发展需求。比如，城市交通建设及社会变迁等。

　　轨迹大数据由于受到设备、采样方式、采样频率、存储方式等因素的影响，具有如下特征（高强等，2017）。

　　（1）时空序列性。轨迹数据是具有时间、空间的信息采样序列，轨迹点蕴含了对象的时空动态性，时空序列性是轨迹数据最基本的特征。

　　（2）异频采样性。活动轨迹的随机性、时间差异较大，导致轨迹的采样间隔差异显著。例如，导航服务是秒级或者分钟级的采样，而社交媒体行为轨迹则是以小时或者天作为采样的单位。差异性的轨迹增加了轨迹数据的分析难度。

　　（3）数据质量差。由于连续性的轨迹被离散化表示，数据质量受到采样精度、位置的不确定与预处理方式的影响，给轨迹分析带来一定困难。

高强等（2017）总结了轨迹大数据处理中的关键技术，如图 4.1 所示。

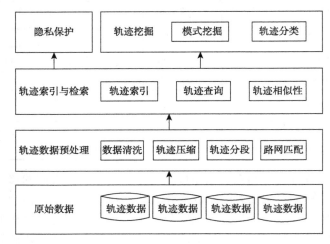

图 4.1　轨迹大数据关键技术

从图 4.1 可以看出，因为原始轨迹大数据中存在很多冗余与噪音，所以首先需要经过轨迹数据预处理［数据清洗（data cleaning）、轨迹压缩（trajectory compression）、轨迹分段（trajectory segmentation）、路网匹配（road network matching）等］将其转化为标准轨迹，其次进行轨迹索引与检索，最后对处理后的轨迹数据进行模式挖掘、隐私保护等操作以获取有价值的知识。

4.2　受灾群体移动行为特征分析

群体移动行为的时空特性分析包括出行规律分析、热点区域分析、热点轨迹分析和出行流量分布分析。灾害发生后，受灾群体移动行为会受到灾害的影响，出行规律、热点区域、热点轨迹和出行流量分布都会产生与平时生活不同的表现，如个别路线的公交车刷卡次数暴增，出租车集中在某些路段上等，通过分析这些不同的表现可以进一步了解灾害的社会影响，为救灾减灾提供指导和参考。

4.2.1　出行规律分析

人类移动行为的统计特性主要研究移动行为的时间分布和空间分布，大量研究表明人类的行为具有非泊松分布的特性（汪秉宏等，2012）。出行规律分析主要从出行时段分布和出行距离分布来研究居民出行的时空分布特性。

（1）出行时段分布主要指出行量随时间的变化情况，统计 24 小时内，每小时的出行量、出行量随时间的变化过程，以及居民出行时段的规律，绘制出折线图，通过出行量的比较发现出行高峰时段和低谷时段。

（2）出行距离分布是不同距离范围内出行量的分布情况，统计某一时段内不同距离范围的出行量及出行量随距离的变化规律。相关学者已经对出行距离分布进行了许多研究。比如，刘伟平（1995）在假设某一距离下的终止概率是不随出行距离变化的常量的情况下，把出行距离作为随机变量，证明了出行距离服从负指数分布。陈尚云和杜文（2003）在分析城市土地利用形态的基础上，通过建立数学模型模拟城市土地利用形态的不同种类，发现城市出行总量距离分布的二阶爱尔兰分布模型。石飞和陆振波（2008）用概率统计理论推导出出行距离符合瑞利分布（Rayleigh distribution），并通过居民实际的出行资料对其进行拟合，验证了推理的合理性。

灾害的发生会导致出行时段分布和出行距离分布发生变化，灾害发生过程中，出于躲避灾害的目的，会出现群体移动高峰，如个别路线上会出现交通拥堵。灾害发生后，由于某些路段的损坏，人们的移动距离会发生变化。同时，可以通过捕捉人们出行规律的异常来发现灾害，分析灾害的特点。

4.2.2 热点区域分析

热点区域是指移动对象频繁停留的区域，反映了群体的主要活动区域。热点区域分析采取的主要方法是将一天划分为几个时段，采用空间聚类算法分别对每个时段的停留点轨迹数据依次聚类，提取并识别出该时段居民的热点出行区域，分析热点区域的分布特性是否满足某种概率分布特性。

空间聚类分析是传统聚类分析的一个延伸和发展（马云飞，2014），可以发现隐含在海量数据中的聚类规则，能够发现空间实体自然的空间集聚模式，对于揭示空间实体的分布规律、提取空间实体的群体空间结构特征、预测空间实体的发展变化趋势具有重要的作用。

热点区域分析主要使用 K-means 聚类算法，具体过程如下。

（1）从 n 个数据对象任意选择 k 个对象作为初始聚类中心。

（2）根据每个聚类对象的均值（中心对象），计算每个对象与这些中心对象的距离，并根据最小距离重新对相应对象进行划分。

（3）重新计算每个（有变化）聚类的均值（中心对象）。

（4）循环（2）、（3）直到每个聚类不再发生变化为止。

通过观察不同时段热点区域的变化，可以发现热点区域异常。热点区域异常可以用于灾害发现和交通疏导。一方面灾害发生时，群体为了躲避灾害会出现从灾害发生点向安全区域短时间大量移动的行为，对于这个新出现的热点区域很可能就是灾害发生点；另一方面当热点区域发生灾害时，由于人口密度大且活动频繁，很容易造成突发事故，如踩踏事故等，应对热点区域的灾害采取及时、有效的交通疏导措施。

4.2.3　热点轨迹分析

前已述及，轨迹可以看作移动对象随着时间的变化在空间中留下的印迹。含 n 个采样点的轨迹表示为 $T = \{p_1, p_2, \cdots, p_n\}$ ，其中 p_i 表示第 i 个采样点的相关数据，记录了移动对象在该采样时间点的经纬度、时间、载客状态、车牌号等信息。轨迹的长度指轨迹包含的采样点的个数。轨迹的一个子序列即为子轨迹（冯琦森，2016）。

轨迹聚类的关键是根据轨迹数据的特点，将数据划分为不同的类别，因此首先需要确定相似性度量方法来度量同一类样本间的类似性和非同类样本间的差异性。我们对轨迹相似性的度量主要采用最长公共子序列（longest common subsequence，LCS）的方法，主要包括计算采样点空间相似度、计算子轨迹相似度、计算轨迹相似度三个部分。

1. 计算采样点空间相似度

给定两个采样点 p_1 和 p_2 ，设它们之间的相似度为 $\mathrm{simPnt}(p_1, p_2)$ ，其计算公式如下：

$$\mathrm{simPnt}(p_1, p_2) = \begin{cases} 0 & , \ \mathrm{dist}(p_1, p_2) > \delta \\ 1 - \dfrac{\mathrm{dist}(p_1, p_2)}{\delta} & , \mathrm{dist}(p_1, p_2) \leqslant \delta \end{cases} \quad (4.1)$$

其中， $\mathrm{dist}(p_1, p_2) = \sqrt{(x_1 - x_2)^2 - (y_1 - y_2)^2}$ 表示 p_1 和 p_2 的欧氏距离； δ 表示距离阈值。如果 $\mathrm{dist}(p_1, p_2) > \delta$ 认为两点的空间相似度为 0 ，反之 $\mathrm{dist}(p_1, p_2) \leqslant \delta$ ， $\mathrm{simPnt}(p_1, p_2) > 0$ ，称 p_1 和 p_2 可匹配。

2. 计算子轨迹相似度

给定两条轨迹 $T_1 = \{p_1, p_2, \cdots, p_n\}$ 和 $T_2 = \{q_1, q_2, \cdots, q_m\}$ ， $T_{1(i)}$ 和 $T_{2(j)}$ 分别表示 T_1 和 T_2 的子轨迹，则两条子轨迹的相似度为

$$\text{simLCS}\big(T_{1(i)},T_{2(j)}\big) \begin{cases} 0 \quad,\qquad i=0\text{或}\ j=0 \\ \max \begin{cases} \text{simLCS}\big(T_{1(i-1)},T_{2(j-1)}\big)+\text{simPnt}\big(p_i,q_j\big) \\ \text{simLCS}\big(T_{1(i)},T_{2(j-1)}\big) \quad,\text{其他} \\ \text{simLCS}\big(T_{1(i-1)},T_{2(j)}\big) \end{cases} \end{cases} \quad（4.2）$$

从起始时刻 $i=1$，$j=1$ 到终止时刻 $i=n$，$j=m$ 逐个计算 $\text{simLCS}\big(T_{1(i)},T_{2(j)}\big)$，最后得到 $T_{1(i)}$ 和 $T_{2(j)}$ 的最长公共子轨迹，用 $\text{LCS}(T_1,T_2)$ 表示。

3. 计算轨迹相似度

设 $\text{LCS}(T_1,T_2)$ 表示两条轨迹 T_1 和 T_2 的最长公共子轨迹，$\big|\text{LCS}(T_1,T_2)\big|$ 表示 LCS 的长度，即包含的采样点的个数，则 T_1 和 T_2 的相似度为

$$\text{SimTr}\big(T_1,T_2\big)=\frac{2\times\big|\text{LCS}(T_1,T_2)\big|}{|T_1|+|T_2|}\times\frac{\text{simLCS}(T_1,T_2)}{\min\big(|T_1|,|T_2|\big)} \quad（4.3）$$

其中，$0\leqslant\text{SimTr}\big(T_1,T_2\big)\leqslant 1$，值越接近 1 表明 T_1 和 T_2 的相似性程度越高。

本章基于轨迹相似度使用（density-based spatial clustering of applications with noise，DBSCAN）算法（Ester et al.，1996）来实现轨迹聚类，在给出具体算法之前，首先对下列术语进行说明：对于任意给定轨迹 T 和距离 ε，T 的 ε–邻域是指与轨迹 T 的距离不超过 ε 的轨迹的集合；如果轨迹 T 的 ε–邻域内的轨迹数大于等于 ω，则称轨迹 T 为核心轨迹。如果轨迹 S 在轨迹 T 的 ε–邻域内，并且 T 为核心轨迹，那么称轨迹 S 从轨迹 T 直接密度可达。算法过程如下。

（1）检测给定轨迹数据集 T_d 中尚未访问过的轨迹 T_s，如果未被处理（被处理指归为某个聚类或标记为噪声），利用基于 LCS 的轨迹相似性计算方法来确定其 ε–邻域，判断其中是否至少包含 ω 个轨迹，如果不是，先将其标记为噪声；如果是，建立新聚类 C，将邻域中的所有轨迹加入 $N_\varepsilon(T_s)$。

（2）对 $N_\varepsilon(T_s)$ 中所有直接密度可达的轨迹 T_t，检查其 $N_\varepsilon(T_t)$，若至少包含 ω 个轨迹，则将 $N_\varepsilon(T_t)$ 合并到 $N_\varepsilon(T_s)$；如果 T_t 未被归入任何一个聚类，则将加入聚类 C。

（3）重复（1）、（2），直到所有的轨迹都被处理。

上述算法中，轨迹的 ε–邻域用基于 LCS 的轨迹相似度方法确定，表示为

$$N_\varepsilon(T_s)=\Big\{T_t\in\mathrm{T}_d\ \big|\ \text{SimTr}(T_s,T_t)\rangle\varepsilon,T_t\neq T_s\Big\} \quad（4.4）$$

其中，T_d 表示轨迹数据集；ε 表示邻近相似度阈值，要根据需求人为设定。

为避免灾害造成恐慌和突发事故，高效且有秩序地进行人员疏散是必要的。灾害发生后，热点轨迹识别对人员转移和交通疏导有着重要的指导作用。一方面，人员转移应尽量选择非热点轨迹，从而减轻某些路段的交通压力；另一方面，当热点轨迹路段上出现交通拥堵时，应及时进行疏导并通过广播的方式引导群众尽量避开这些路段。

4.2.4　出行流量分布分析

人类行为的特性可以帮助人们更好地理解自己的行为特征。我们不仅要挖掘这些统计数据背后所隐藏的人类特性，还需要探索这些行为背后的动力学原理。轨迹在某种程度上代表的是具有数量特征的一种流向（人流、物流等），出行流量分布主要分析两个活动区域间的人流量情况，通过对出行流量分布的研究，探索背后隐藏的动力学原理。

起点-终点（origin destination，OD）矩阵是描述道路交通中起点和终点之间一定时间范围内出行交换量的表格（刘晓东等，2011）。OD 出行量为矩阵 $A_{n \times n}$，n 表示热点区域的个数；a_{ij} 表示从区域 i 到区域 j 的交通流量。区域 i 的流出量为 $\sum\limits_{i=1}^{n} a_{ij}$，流入量为 $\sum\limits_{j=1}^{n} a_{ji}$，净流量为流入量与流出量的差值。OD 出行比例矩阵包括流出比例矩阵 $B_{n \times n}$ 和流入比例矩阵 $C_{n \times n}$，其中：

$$b_{ij} = \frac{a_{ij} - a_{ii}}{\sum\limits_{j=1}^{n} a_{ij} - a_{ii}} \tag{4.5}$$

$$c_{ji} = \frac{a_{ji} - a_{ii}}{\sum\limits_{j=1}^{n} a_{ji} - a_{ii}} \tag{4.6}$$

$$d_{ij} = \left(b_{ij} + c_{ji} \right) / 2 \tag{4.7}$$

b_{ij} 表示从区域 i 到区域 j 的交通流出量比例；c_{ji} 表示从区域 j 到区域 i 的交通流入量比例；d_{ij} 表示区域 i 到区域 j 的交通量。

通过建立热点区域间的 OD 交通流量矩阵对聚类区域进行量化，再通过地图匹配进行空间可视化，可以发现不同区域之间的紧密程度。紧密度表示相应的两个区域之间的交互情况，区域 i 和区域 j 紧密度为 $r_{ij} = \left(d_{ij} + d_{ji} \right) / 2$，交通发生量越大表示两个区域的联系越紧密。两区域间的紧密度受时间、区域属性、突发事件、灾害等的影响。通过对紧密度的研究可以发现影响区域之间人流量交互的动力学原理。

　　灾害发生后不仅热点区域和热点轨迹会发生变化，热点区域之间的交通流量也会随之发生变化。以灾害为中心受灾群体向外移动的流量分布对交通疏导和人员转移有着重要的意义。全面了解安全区域的分布及不同路线的交通流量的容量，可实现有秩序地指挥受灾群体安全转移，避免出现混乱和踩踏事件。

4.3　受灾群体移动行为特征分析结果

4.3.1　出租车轨迹数据预处理

　　本节实验以某市约 260 辆装有 GPS 设备的出租车所采集的 2019 年 8 月 3 日一天的轨迹点数据为研究对象，部分轨迹数据如表 4.2 所示。载客状态字段为 0 时代表车辆为空驶状态，载客状态字段为 1 时代表载客状态。当字段值从 0 变为 1 时，表示乘客上车，此时的时间点为上车时间点，位置为乘客上车的位置，反之当字段值从 1 变为 0 时，表示乘客下车，此时的时间点为乘客下车时间点，位置为乘客下车位置。

表 4.2　出租车轨迹数据示例

ID	车号	经度	维度	载客状态	采集时间
61	1	30.624 863	104.136 527	1	2019-08-03 20：57：50
62	1	30.624 863	104.136 547	1	2019-08-03 21：34：03
63	1	30.624 863	104.136 549	1	2019-08-03 21：33：32
64	1	30.624 863	104.136 554	1	2019-08-03 21：05：59
65	1	30.624 866	104.136 529	1	2019-08-03 20：56：19
66	1	30.624 863	104.136 532	1	2019-08-03 20：56：49
67	1	30.624 863	104.136 532	1	2019-08-03 20：57：20
68	1	30.624 863	104.136 542	1	2019-08-03 21：35：04
69	1	30.624 863	104.136 556	1	2019-08-03 21：05：29
70	1	30.624 863	104.136 544	1	2019-08-03 21：34：33
71	1	30.624 870	104.136 561	1	2019-08-03 21：38：08

　　将出租车作为浮动车采集信息，具有采集范围广、成本低、信息提取方便等优点，这些优点使其成为一种重要的交通信息采集方法。但由于受到 GPS 定位精度的影响，出租车位置很难精确定位，难免会出现偏差，使得车辆位置脱离了交通路网。因此，有必要采取地图匹配技术，把具有位置偏差的车辆重新定位到路

网上。通过对大量轨迹点数据预处理，剔除不合理数据，同时采用适当的地图匹配算法，结合相应地图矫正 GPS 轨迹点，纠正轨迹偏离道路的现象使其匹配到相对应的道路上。

4.3.2　出租车轨迹数据分析结果

筛选出出租车上下客点的轨迹数据，统计一天 24 小时中每个小时出租乘客上下车数量，即统计每小时出租车运营状态由空车到载客之间切换的次数，乘客每上车、下车表示其出行一次，绘制各小时出行量（包括上车和下车）分布图（图 4.2）。从图 4.2 中可以看出上下车的数量变化趋势基本一致，晚上 9 点到 10 点是高峰，可能与其他公共交通工具（如公交车）停止运行有关。

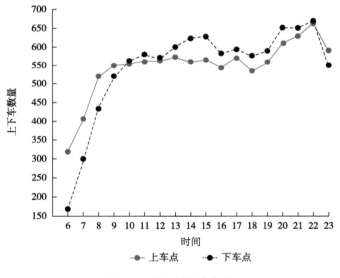

图 4.2　日出行量分布图

抽取行驶状态的数据，提取出上车和下车两个状态点的数据，根据两个状态点的经纬度直接计算出两点之间的距离（不是实际的行程距离），移动距离分布如图 4.3 所示，横轴为出行的行程，纵轴为车辆数。随着距离的增加，车的数量呈现近似幂指数减小的趋势。从图 4.3 中可以看出人们乘出租车更偏向近距离出行，在 0～1 千米之内是出行量最高的，大于 10 千米的很少，这与日常居民的行为习惯是相吻合的。

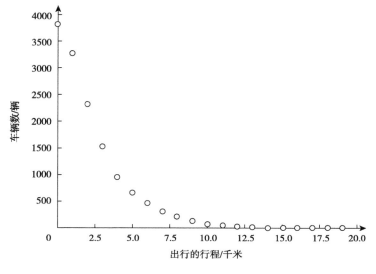

图 4.3　移动距离分布图（一）

根据图 4.3 的数据计算的移动距离的累积概率分布情况如图 4.4 所示，纵坐标为 $pr[X \geq x]$，横坐标是移动距离乘 100 后取对数，图 4.4 不是直线是曲线，说明移动距离的累积概率不是幂律分布。正常情况下，人类行为的空间分布是呈现幂律分布的，这可能跟本实验选取的数据量覆盖范围太小有关。

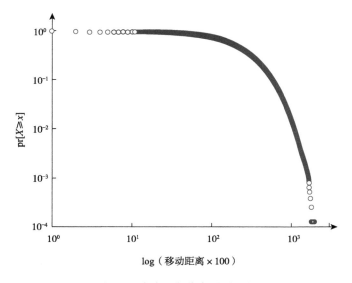

图 4.4　移动距离分布图（二）

接下来，分别筛选出一天中 6：00～24：00 这个时间段每个小时出租车上下客点的轨迹点数据，采用聚类算法，识别出每一小时居民出行的热点区域。

使用 K-means 算法聚了 20 个簇，这个值是根据经验及多次的试验效果确定的。簇太多，热点区域过多，分布过于细碎化且运算量大；反之簇太少，每个热点区域的覆盖范围太大，规律不明显。图 4.5 显示了四个不同的时间段的热点区域分布示意图（其中灰色区域表示热点区域，颜色越深表示行人越集中），分别是 6：00～7：00、12：00～13：00、18：00～19：00、22：00～23：00。

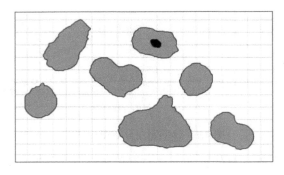

（a）6：00～7：00

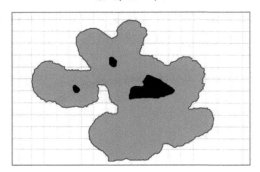

（b）12：00～13：00

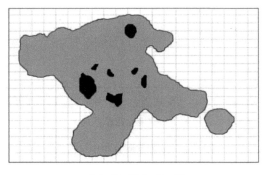

（c）18：00～19：00

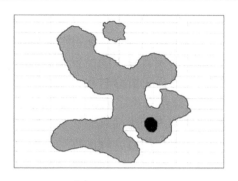

（d）22：00～23：00

图 4.5　热点区域分布图

为了测试交通流量分布分析方法的有效性，我们选取 2019 年 8 月 3 日 19 时到 20 时这一时间段的数据，首先通过上文的聚类方法聚出 8 个热点区域，其次分析轨迹点最多的热点区域（共有 327 个轨迹点，其中流出轨迹点有 172 个）到其他区域的交通流出量的比例值。可视化示意图如图 4.6 所示，其中圆圈的大小表示热点区域包含的轨迹点的多少，两个圆圈间线段的长短表示热点区域间距离的远近。从图 4.6 可以看出，到最近两个区域（地点 D 和地点 B）的比例是最大的，到最远距离的区域（地点 C）的比例最小，这与人们偏向近距离移动的现象是符合的。

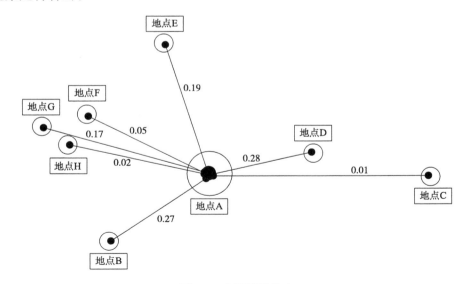

图 4.6　交通流量分布

通过对受灾群体移动行为的指标分析，可以定性和定量地分析灾害造成的社会影响，对灾害救助、灾情恢复和灾后重建，以及政府决策有着重要的意义。从短期来看，首先可以进行灾害发生地预测，通过分析灾害发生时出行规律、热点区域和热点轨迹的异常，推测出灾害发生的位置和区域，为进一步的灾害救助工作提供指导。其次可以帮助引导受灾群众转移，通过对受灾群众的空间分布和灾害发生位置的分析，指导受灾群众有秩序地及时转移到安全的位置。从长期来看，通过分析灾害发生前后受灾区域人们生活规律和行为特征的变化，即出行规律、热点区域、热点轨迹的变化情况，制订合理的灾后恢复重建方案，尽快帮助受灾地区的人们恢复正常的生活。

4.4　本章小结

本章主要从出行规律、热点区域、热点轨迹及出行流量分布四个指标分析了居民移动行为的特性及灾害发生后对移动行为的影响，同时以出租车轨迹数据为例具体分析了这四个指标。日常生活中，居民的出行规律满足幂律分布和动力学原理，当灾害发生后，出行规律会发生异常，通过对异常的分析，探索灾害的社会影响程度，同时为减灾救灾提供指导和参考。

第5章　大规模群体行为相似度计算

移动互联网、传感器技术及多元化定位技术的快速发展，使得无论是室内还是室外的用户位置数据都能够被轻易获取。这些数据不仅真实地展示了用户在生活中的位置移动，也从侧面反映了用户的就餐、购物、出行等日常生活状态，体现了用户的兴趣爱好和行为规律。本章基于移动用户行为数据对用户行为建模和用户相似度计算方法进行了研究，提出了三种用户相似度计算方法。

5.1　基于指派问题的用户相似度计算方法

随着位置感知技术的发展及其应用的日益普及，很多在线社交网络平台如Facebook，Twitter 和 Foursquare 等除了允许用户提交文本、图片等内容之外，还支持用户分享集成位置信息的真实生活经历，这进一步丰富了用户产生的内容（user generated contents，UGC）。这些位置信息不仅记录了用户在物理世界中的位置历史，也反映了用户的行为习惯和兴趣爱好。通过对用户位置行为数据的分析和挖掘，可以为用户提供位置预测、位置推荐、朋友推荐、社区发现、链路预测等服务。对于上述的所有服务来说，查找与用户具有相同兴趣和行为的邻居是一个关键步骤。

为此，本节通过 POI 类别构成词表示用户活动的语义，在此基础上，提出基于指派问题的用户相似度（similarity based on assignment problem，SAP）计算方法，以下简称 SAP 方法。

5.1.1　SAP 方法整体框架

图 5.1 描述了 SAP 方法的架构，主要包括移动模式构建和用户相似度计算两个任务。

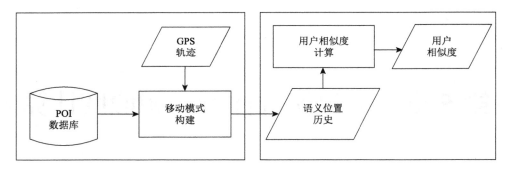

图 5.1　SAP 方法架构

1. 移动模式构建

不同用户在不同的或不重叠的地理空间中进行相同的活动可能代表着相同的兴趣爱好。因此利用 POI 数据库将用户的 GPS 移动轨迹从地理空间转换到语义空间，在语义空间上构建用户的移动模式，基于用户活动的语义研究用户的行为规律。移动模式构建主要包括两个步骤。

（1）驻留区域语义表示，首先识别出 GPS 轨迹中的驻留区域，其次利用驻留区域中所有 POI 的类别构建特征向量表示用户在该驻留区域活动的语义。GPS 轨迹上的位置对用户的重要程度不尽相同，一些位置用户只是匆匆路过；而有些位置用户停留了很长一段时间，代表着用户的兴趣爱好，通过识别用户长时间停留的区域（驻留区域）来研究用户的行为规律。另外，为了更好地从语义空间研究用户的行为规律，利用外部 POI 数据库，通过该区域中所有 POI 的类别构建特征向量表示用户在驻留区域的活动语义。

（2）个人移动模式构建，通过对驻留区域特征向量聚类分组，每个组被称为语义位置，使得用户的 GPS 轨迹被转换为语义位置序列（语义轨迹），再利用序列模式挖掘算法分析其频繁模式，为每个用户构造个人移动模式。

2. 用户相似度计算

用户行为是通过移动模式进行建模和表示的。因此，根据用户的移动模式计算用户相似度。具体过程主要包括两个步骤。

（1）语义轨迹相似度计算，通过语义轨迹多重集表示用户移动模式，首先给出了语义轨迹相似度的定义，其次根据两个用户移动模式中的语义轨迹，基于语义轨迹相似度生成语义轨迹相似度矩阵。

（2）移动模式相似度计算，结合语义轨迹相似度矩阵，计算用户移动模式相似度，即用户相似度。

5.1.2　移动模式构建

本节对移动模式构建中的驻留区域语义表示和个人移动模式构建两个步骤分别进行详细的介绍。

1. 驻留区域语义表示

GPS 点是一个由经纬度构成的二元组 (lng, lat)，表示地球上的一个位置。轨迹是一个按时间顺序排列的时空点的序列 $\langle p_o, p_1, \cdots, p_n \rangle$，其中，$p_i = (g_i, t_i)\,(0 \leqslant i \leqslant n)$ 表示时空点；g_i 表示 GPS 点；t_i 表示时间戳（$\forall 0 \leqslant i < n, t_i < t_{i+1}$）。为了进一步分析用户长时间停留的地理区域，本节引入了驻留区域的概念：驻留区域是用户停留超过一定时间 δT，距离范围不超过 δD 的一个地理区域。驻留区域体现在轨迹上是一段连续的时空点序列 $\langle P_i, P_{i+1}, \cdots, P_j \rangle$，使得 $\forall i \leqslant z \leqslant j, \text{dist}(p_i, p_z) \leqslant \delta D$ 且 $\text{time}(p_i, p_j) \geqslant \delta T$。其中 $\text{dist}(p_i, p_z)$ 表示时空点 p_i 与 p_z 之间的地理距离；$\text{time}(p_i, p_j)$ 表示用户从时空点 p_i 移动到 p_j 所需要的时间。

利用驻留区域中所有 POI 类别构成的向量可以表示用户在此驻留区域的活动语义。

首先，根据驻留区域中时空点确定一个能够包含所有这些时空点的最小矩形地理区域。如图 5.2 所示，根据驻留区域中所有时空点经纬度确定矩形的两个对角坐标（$\text{lng}_{min}, \text{lat}_{min}$）、（$\text{lng}_{max}, \text{lat}_{max}$），并由此确定此矩形地理区域。其中 lng_{min}、lng_{max}、lat_{min}、lat_{max} 分别为驻留区域中所有时空点的经度最小值和最大值，纬度最小值和最大值。若矩形地理区域的长或宽小于所有驻留区域长或宽的均值，则长或宽设置为均值。

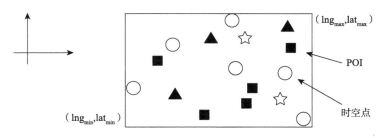

图 5.2　驻留区域语义表示（一）

其次，根据矩形地理区域中的 POI 类别构建驻留区域的向量表示。POI 的类别可以通过查询一些 POI 数据库得到，如可以利用 Google Places API 获取 POI 的类别。POI 数据库由 POI 实例构成，每个 POI 实例包含 POI 类别、经纬度等信息。

POI 类别实际上是一个单词词组，如 Google Places API 获取的 POI 类别 car_repair 可以看作由 car 和 repair 组成的词组。由于驻留区域中 POI 数量较少，因此可以把驻留区域中所有 POI 类别的集合看作一个短文本。为此，驻留区域 sr 内所有 POI 类别构成词的集合为 $\{w_1, w_2, \cdots, w_N\}$，则此驻留区域的语义向量为

$$f_{sr} = \frac{1}{N} \times \sum_{i=1}^{N} \left(v_{w_i} \times \lg \frac{|R|}{|R_{w_i}|} \right) \tag{5.1}$$

其中，v_{w_i} 表示单词 w_i 的词向量；$|R|$ 表示驻留区域总数；$|R_{w_i}|$ 表示 POI 类别中包含单词 w_i 的驻留区域数。

语义向量实际上就是驻留区域内所有 POI 类别包含单词的词向量的逆向文档频率（inverse document frequency，IDF）加权和的均值。$\lg(|R|/|R_{w_i}|)$ 实际上是单词 w_i 的 IDF 值。词向量或词嵌入是单词语义的低维实数向量表示。

2. 个人移动模式构建

基于语义向量通过 K-means 算法对驻留区域进行聚类，合并一些相似的驻留区域，使得所有用户的驻留区域分组到不同的簇。相同簇中的驻留区域被认为具有相同的语义，每个簇被称为语义位置，而语义位置序列被称为语义轨迹。

通过语义向量聚类过程，驻留区域表示为语义位置，使得每条用户轨迹从物理位置序列转化为语义轨迹，用户个体所有轨迹表示为语义轨迹的集合。在用户个体语义轨迹集合上识别出用户频繁发生的序列模式，并通过这些频繁序列模式构建用户的移动模式。移动模式是由频繁语义轨迹构成的多重集。多重集是一个特殊的集合，可以允许相同的元素在集合中多次重复地出现。例如，{A,A,A,B,B,C} 就是一个多重集，集合中元素 A 出现了 3 次，元素 B 出现了 2 次。

5.1.3 用户相似度计算

本节对用户相似度计算中的语义轨迹相似度计算和移动模式相似度计算两个步骤分别进行详细的介绍。

（1）语义轨迹相似度是基于最长公共语义轨迹实现的。首先定义几个相关概念。

第一，语义子轨迹。给定两个语义轨迹 $T_1 = l_0 \xrightarrow{\Delta t_1} l_1 \xrightarrow{\Delta t_2} \ldots \xrightarrow{\Delta t_n} l_n$ 和 $T = h_1 \xrightarrow{\Delta t_1'} h_2 \xrightarrow{\Delta t_2'} \cdots \xrightarrow{\Delta t_m'} h_m$，若存在 $0 \leqslant i_1 < i_2 < \cdots < i_m \leqslant n$，满足 ① $\forall j \in [0, m], l_{i_j} = h_j$；② $\forall j \in [0, m]$，$\left| \Delta t_j - \Delta t_j' \right| \leqslant t_{th}$，则称 T 为 T_1 的语义子轨迹，记作：$T \leqslant T_1$。其中，t_{th} 表示一个预定义的时间间隔阈值。

第二，公共语义轨迹。给定两个语义轨迹 T_1 和 T_2，若 $T \leqslant T_1$ 且 $T \leqslant T_2$，则称 T 为 T_1 和 T_2 的公共语义轨迹。若不存在比 T 更长的 T_1 和 T_2 的公共语义轨迹，则称 T 为 T_1 和 T_2 最长公共语义轨迹。

第三，语义轨迹相似度。设两个语义轨迹 T_1 和 T_2，则 T_1 和 T_2 的语义轨迹相似度定义为

$$\text{sim}_T(T_1,T_2) = \frac{\left|\text{lcs}(T_1,T_2)\right|}{|T_1|+|T_2|-\left|\text{lcs}(T_1,T_2)\right|} \tag{5.2}$$

其中，$|T|$ 表示语义轨迹 T 的长度；$\left|\text{lcs}(T_1,T_2)\right|$ 表示 T_1 和 T_2 的最长公共语义轨迹的长度。

（2）基于指派问题计算移动模式相似度，设两个移动模式 $M_1 = \{s_1,s_2,\cdots,s_n\}$ 和 $M_2 = \{z_1,z_2,\cdots,z_m\}$，不失一般性，假设 $n \geqslant m$，通过在 M_2 中添加 $n-m$ 个 λ 构造使得 M_1 和 M_2 中语义轨迹数量相等，λ 与 M_1 中语义轨迹相似度定义为原始 M_2 和 M_1 中语义轨迹相似度的均值。假设构造后的 $M_2 = \{z_1,z_2,\cdots,z_n\}$，则 M_1 和 M_2 的相似度定义为

$$\max_{g_{ij}} \sum_{i=1}^{n}\sum_{j=1}^{n} \frac{g_{ij}\text{sim}_T(s_i,z_j)}{\max(|M_1|,|M_2|)} \tag{5.3}$$

$$\text{约束条件：}\begin{cases} \sum_{i=1}^{n}g_{ij}=1, & 1 \leqslant j \leqslant n \\ \sum_{j=1}^{n}g_{ij}=1, & 1 \leqslant i \leqslant n \\ g_{ij} \in \{0,1\}, & 1 \leqslant i,j \leqslant n \end{cases}$$

其中，$|M|$ 表示移动模式中语义规矩的数量；当 s_i 与任务 z_j 匹配时 $g_{ij}=1$；当 s_i 未与任务 z_j 匹配时，$g_{ij}=0$。

移动模式相似度本质上是一个最大效益指派问题，可以利用匈牙利算法进行求解。

5.1.4　实验与结果分析

在真实数据集上构造 K 近邻检索实验，通过各种算法检索每个用户的 K 个邻居，K 个邻居按照与被检索用户的相似度从大到小排序，观察最近邻在检索结果中的出现位置，并利用评价指标评价算法的检索准确度。实验中评测的各方法及出处如表 5.1 所示。

表 5.1　评测方法汇总（一）

评测方法	出处
基于最大轨迹模式（maximal trajectory pattern，MTP）的用户相似度计算方法	Chen 等（2013）
基于公共模式集合（common pattern set，CPS）的用户相似度计算方法	Chen 等（2014）
基于模式分布的用户相似度（patterns distribution-based similarity，PDS）计算方法	Mazumdar 等（2016）
SAP	本节算法

1. 数据集描述

数据集源于微软亚洲研究院的 Geolife 项目，包括 182 个用户 5 年（2007～2012 年）的 GPS 轨迹数据。数据集中的每个用户数据由一些轨迹文件构成，每个文件代表一条 GPS 轨迹。每条 GPS 轨迹由一些按时间排序的 GPS 点构成，具体格式如表 5.2 所示。其中时间间隔表示距离 1899 年 12 月 30 日的天数。

表 5.2　数据集样例

经度	纬度	海拔高度/米	时间间隔/天	日期	时间
39.999 545	116.324 734	519	39 748.499 87	2008-10-27	11：59：49
40.007 143	116.324 088	523	39 748.502 77	2008-10-27	12：03：59
40.007 178	116.323 881	522	39 748.502 82	2008-10-27	12：04：04
40.007 227	116.323 653	522	39 748.502 88	2008-10-27	12：04：09
40.008 923	116.322 803	523	39 748.503 81	2008-10-27	12：05：29
40.008 870	116.322 512	523	39 748.503 87	2008-10-27	12：05：34
40.008 815	116.322 270	522	39 748.503 92	2008-10-27	12：05：39
40.008 767	116.322 068	521	39 748.503 98	2008-10-27	12：05：44
40.008 768	116.321 916	521	39 748.504 04	2008-10-27	12：05：49
40.008 796	116.321 834	521	39 748.504 10	2008-10-27	12：05：54

由于此数据集中一些用户的签到数据量较少，我们选择轨迹数较多的 100 个用户数据。为了进行 K 近邻检索实验，需要确定每个用户最近邻参考值。为此，将每个用户的轨迹平均分成两部分，并将两部分看作两个不同的用户。假设经过驻留区域语义表示后，用户 u 的语义活动序列为 $s_0 \rightarrow s_1 \rightarrow \cdots \rightarrow s_m$。基于此语义活动序列，我们产生两个用户 $u^\#$ 和 u^* 使得 $u^\#$ 的语义序列为 $s_0 \rightarrow \cdots \rightarrow s_{\frac{m}{2}}$，$u^*$ 的语义序列为 $s_{\frac{m}{2}+1} \rightarrow \cdots \rightarrow s_m$。可以发现，因为 $u^\#$ 和 u^* 的轨迹都来源于同一个用户 u，因此 $u^\#$ 和 u^* 应该相互被视为最近邻参考值。经过此处理过程最终得到 200 个用户。工作数据集的详细描述如表 5.3 所示。

表 5.3　工作数据集统计信息（一）

活跃用户/个	轨迹数/条	签到数/个	驻留区域数/个
200	17 612	23 754 932	27 688

2. 参数设置

为了更好地评估提出的框架，设置算法各参数值与现有方法相同，如表 5.4 所示。其中，δD、δT 分别表示驻留区域识别算法中距离阈值、时间阈值；t_{th} 表示时间间隔阈值；$\sup_{min}$ 表示频繁语义轨迹挖掘过程中的最小支持度阈值；k 表示 K-means 聚类算法中的聚类数。

表 5.4　算法参数设置（一）

参数名	δD	δT	t_{th}	$\sup_{min}$	k
参数值	200 米	30 分钟	180 分钟	0.3	30

3. 评价指标

选择信息检索领域中常用的评价指标均值平均精度（mean average precision，MAP）和归一化折损累计增益（normalized discounted cumulative gain，nDCG）对各算法 K 近邻检索结果进行评估。MAP 是信息检索领域中用于评估排序结果相关性的常用评价指标，形式化定义如下：

$$\text{MAP} = \sum_{i=1}^{N} \left(\frac{1}{l_i} \right) \Big/ N \tag{5.4}$$

其中，$N=200$ 表示工作数据集包含的用户总数；l_i 表示第 i 个用户的最近邻在检索结果中出现的位置（如果最近邻没有出现在检索结果中，则令 $1/l_i=0$）。

nDCG 是用于评估一次检索结果性能的评价指标。为了评价各算法多次检索结果的性能，可以对算法每次检索结果的 nDCG 值求和取均值，并定义为 nDCG@K：

$$\text{nDCG} @ \text{K} = \sum_{i=1}^{N} \left(\frac{1}{\log_2(l_i+1)} \right) \Big/ N \tag{5.5}$$

其中，N 和 l_i［如果最近邻没有出现在检索结果中，则令 $1/\log_2(l_i+1)=0$］的含义同 MAP。

4. 实验结果

图 5.3 的纵坐标分别是各算法在 MAP 和 nDCG@K 上获取的评价结果，横坐标表示各算法检索的近邻数（范围从 0 到 15）。可以看出在预测近邻方面，SAP 方法具有很好的一致性，在两个评价指标上的性能都好于现有方法。特别是在

MAP 评价指标方面，SAP 方法表现得更加突出。

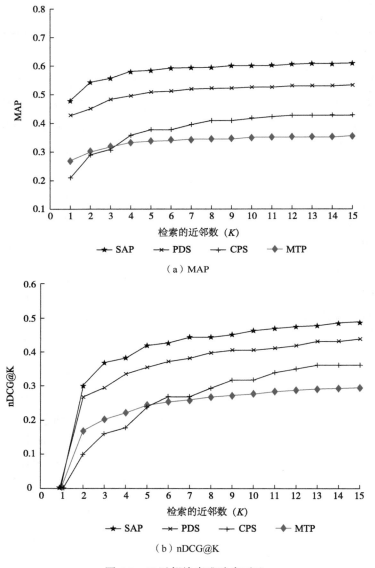

（a）MAP

（b）nDCG@K

图 5.3　K 近邻检索准确率对比

另外，为了验证本书提出的驻留区域语义向量表示方法的有效性，本节将驻留区域语义向量表示方法替换为文献 Xiao 等（2014）中的方法，并命名为 SAP-TFIDF 方法。图 5.4 为 SAP 方法与 SAP-TFIDF 方法预测 K 近邻分别在 MAP 和 nDCG@K 上的评价结果。从评价结果可以看出，SAP 方法在两个评价指标上的表现都要好于 SAP-TFIDF 方法,说明了本节提出的驻留区域语义向量表示方法要好于文献 Xiao 等(2014)中的方法。评价指标提高的主要原因是使用了新驻留区域语义表示方法和基于指派问题的移动模式相似度计算方法。图 5.4 两个评价指标上提高的幅度不大,也从另一个侧面说明了基于最大效益指派问题计算用户移动模式相似度的有效性。

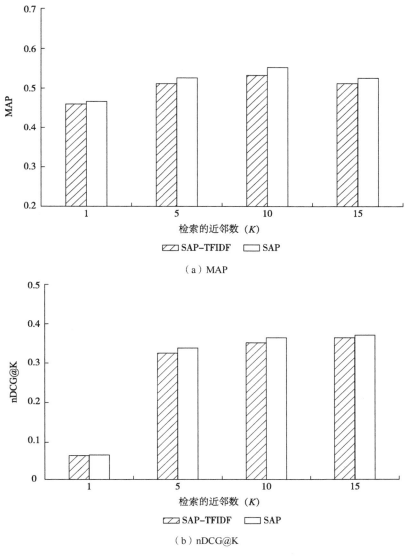

图 5.4　驻留区域语义向量化有效性

5.2 基于序列移动距离的用户相似度计算方法

基于频繁序列模式挖掘技术建模用户移动模式，由于频繁序列模式挖掘过程产生了许多频繁子序列，这些频繁子序列也参与相似度计算过程，最终的相似度结果存在偏差（Ying et al.，2010）。为了解决上述问题，本节提出基于序列移动距离（sequence mover's distance，SMD）的用户相似度计算方法，以下简称 SMD 方法。

5.2.1 SMD 方法整体框架

SMD 方法的架构如图 5.5 所示，主要包括两个任务。

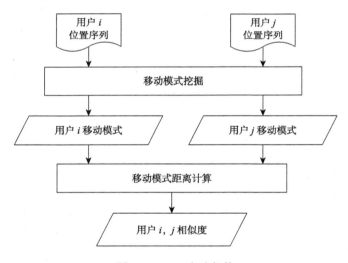

图 5.5　SMD 方法架构

（1）移动模式挖掘。移动模式本质上是位置序列多重集。因此，用户移动模式挖掘本质上是从用户原始的位置序列多重集中挖掘用户的移动模式，包括频繁项位置序列挖掘和移动模式挖掘两个步骤。频繁项位置序列挖掘是根据用户设定的最小频次阈值 α，删除用户原始位置序列多重集中频次小于 α 的位置，得到用户频繁项位置序列集。移动模式挖掘则是计算用户所有的不同频繁项位置序列和次数，生成用户的移动模式。

（2）移动模式距离计算。移动模式距离计算过程中涉及用户位置序列之间的距离计算。因此，移动模式距离计算首先定义和计算位置序列之间的距离，其次根据位置序列间的距离和频次计算两个用户移动模式之间的距离，最后根据移动模式距离与移动模式相似度之和为 1，计算用户移动模式的相似度，即用户相似度。

5.2.2　移动模式挖掘

位置序列是一个由位置构成的序列。例如，先到餐厅，之后前往教室，再到图书馆，这就构成用户的一个位置序列〈餐厅，教室，图书馆〉。用户在某段时间内的移动行为就对应一个位置序列多重集。

假设用户的原始位置序列多重集为 S，最小频次阈值为 $\sup_{\min}$。频繁项位置序列集是由 S 中每个位置序列去除掉其中出现次数小于 $\sup_{\min}$ 的位置后，所有位置序列构成的集合。频繁项位置序列集中的每个位置序列就是一个频繁项位置序列。

与频繁序列模式挖掘产生的频繁序列有所不同，频繁项位置序列是从用户原始位置序列中删除出现次数小于最小频次阈值 $\sup_{\min}$ 的位置而得到的位置序列。而移动模式是一个由二元组 (X,β) 构成的集合，其中 X 表示频繁项位置序列；β 表示此频繁项位置序列出现的次数。

5.2.3　移动模式距离计算

为了计算移动模式相似度，先要计算移动模式距离。用户的移动模式是由位置序列构成的。移动模式距离计算过程中需要计算位置序列之间的距离，因此先要定义位置序列间的距离。两个位置序列的公共子序列越长，往往两个位置序列之间的相似度越大，距离越小。先给出下面几个定义。

（1）位置序列距离：两个位置序列 S_1 和 S_2 的距离定义为

$$d_s(S_1,S_2) = 1 - \frac{|\mathrm{lcs}(S_1,S_2)|}{|S_1| + |S_2| - |\mathrm{lcs}(S_1,S_2)|} \tag{5.6}$$

其中，$|S|$ 表示位置序列 S 的长度；$\mathrm{lcs}(S_1,S_2)$ 表示两个位置序列 S_1 和 S_2 的 LCS。

实际上，公式（5.6）中的 $\dfrac{|\mathrm{lcs}(S_1,S_2)|}{|S_1| + |S_2| - |\mathrm{lcs}(S_1,S_2)|}$ 可以用来衡量的两个位置序列 S_1 和 S_2 的相似程度。当 S_1 和 S_2 相同，即 $\mathrm{lcs}(S_1,S_2)=1$ 时，$d_s(S_1,S_2)=0$；而当 S_1 和 S_2 没有任何公共序列，即 $\mathrm{lcs}(S_1,S_2)=0$ 时，$d_s(S_1,S_2)=1$。

（2）度量函数：假设 S 是一个集合，函数 $f: S \times S \to R^+ \cup \{0\}$。对于任意的

$x, y, z \in S$，函数 f 满足如下四个性质，则称函数 f 为 S 上的度量函数。

①自相似公理：$x = y, f(x,y) = 0$；②正性公理：$x \neq y, f(x,y) > 0$；③对称性公理：$f(x,y) = f(y,x)$；④三角不等公理：$f(x,z) \leqslant f(x,y) + f(y,z)$。

（3）移动模式距离：设两个移动模式 $M_u = \{(s_1, w_{s1}), (s_2, w_{s2}), \cdots, (s_m, w_{sm})\}$，$M_v = \{(z_1, w_{z1}), (z_2, w_{z2}), \cdots, (z_n, w_{zn})\}$，$f_{ij}$ 表示位置序列 s_i 到 z_j 的转换量，$d_s(s_i, z_j)$ 表示 s_i 和 z_j 之间的位置序列距离。则 M_u 和 M_v 之间的移动模式距离为

$$d_p(M_u, M_v) = \min_{f_{ij}} \sum_{i=1}^{m} \sum_{j=1}^{n} f_{ij} d_s(s_i, z_j) \quad (5.7)$$

$$\text{约束条件：} \begin{cases} \sum\limits_{i=1}^{m} f_{ij} = \dfrac{w_{zj}}{w_z}, & 1 \leqslant j \leqslant n \\[2mm] \sum\limits_{j=1}^{n} f_{ij} = \dfrac{w_{si}}{w_s}, & 1 \leqslant i \leqslant m \\[2mm] \sum\limits_{i=1}^{m} w_{si} = w_s \\[2mm] \sum\limits_{j=1}^{n} w_{zj} = w_z \\[2mm] f_{ij} \geqslant 0 \end{cases}$$

若把两个移动模式分别看作某类商品的若干个生产地和销售地。移动模式距离实际上是分别对所有生产地产量和销售地销量进行归一化后，将所有商品从生产地运输到销售地所需的最小运输费用。其中，生产地与消费地之间的距离就是其对应的位置序列之间的位置序列距离，而生产地的产量和销售地的销量则对应着位置序列的归一化频次。

5.2.4 实验与结果分析

鉴于 Chen 等（2014）和 Mazumdar 等（2016）已经分别将其提出的方法与之前工作进行了对比评测，并展示了其方法的优越性。本节将以这两个方法为代表与现有工作进行对比分析，实验中评测的各方法及出处如表 5.5 所示。

表 5.5 评测方法汇总（二）

方法简记	出处
CPS	Chen 等（2014）

方法简记	出处
PDS	Mazumdar 等（2016）
SAP	5.1 节方法
SMD	本节算法

距离与相似度是衡量两个对象差异程度的两个指标，两者可以相互转换。关于距离存在一些公认的基本性质。具体如下。

设 M_u 和 M_v 为两个移动模式，则 M_u 和 M_v 间的移动模式距离应满足以下基本性质。

（1） $d_p(M_u, M_v) \in [0,1]$。

（2） $d_p(M_u, M_v) = 1 \Leftrightarrow \Gamma(\overline{M_u}) \cap \Gamma(\overline{M_v}) = \Phi$。

（3） $d_p(M_u, M_v)$ 是度量函数。

其中，$\overline{M_u}$ 表示 M_u 中所有位置序列构成的集合，即 $\overline{M_u} = \{X \mid \forall (X, \beta) \in M_u\}$；$\Gamma(P)$ 表示由序列集合 P 中每个序列的所有子序列构成的集合。

上述基本性质中，性质（1）规定了距离标准值的范围；性质（2）说明了当两个用户没有任何的公共位置子序列时，两个用户之间的距离为 1；性质（3）要求该距离标准是度量函数，即满足非负性、对称性和三角不等式三个度量公理。本节主要对比各方法是否满足这些基本性质。

由于 CPS 和 PDS 方法计算的是相似度，为了对比分析两种方法对距离基本性质的满足情况，我们采用最常用的相似度与距离之和为 1 的方法将相似度转化为距离。实验所构造的人工数据集包含 6 个移动模式，其中前 4 个来自文献 Chen 等（2014）。

$M_1 = \{(A,2),(B,2),(C,4),(AB,2)\}$；$M_2 = \{(A,1),(B,1),(C,4),(AB,3)\}$；$M_3 = \{(A,1),(B,1),(C,4),(BA,3)\}$；$M_4 = \{(A,1),(D,1),(C,4),(AD,3)\}$；$M_5 = \{(A,1)\}$；$M_6 = \{(A,1),(B,3)\}$

为公平起见，实验中统一将最小频次阈值设置为 1，各方法计算得到的移动模式距离矩阵如表 5.6 所示。

表 5.6 移动模式距离矩阵

移动模式	SMD						CPS					
	M_1	M_2	M_3	M_4	M_5	M_6	M_1	M_2	M_3	M_4	M_5	M_6
M_1	0	0.11	0.24	0.38	0.7	0.5	0	0.03	0.29	0.53	0.8	0.53
M_2	0.11	0	0.22	0.33	0.72	0.61	0.03	0	0.33	0.56	0.81	0.56

移动模式	SMD						CPS					
	M_1	M_2	M_3	M_4	M_5	M_6	M_1	M_2	M_3	M_4	M_5	M_6
M_3	0.24	0.22	0	0.33	0.72	0.61	0.29	0.33	0	0.56	0.81	0.56
M_4	0.38	0.33	0.33	0	0.72	0.82	0.53	0.56	0.56	0	0.81	0.91
M_5	0.7	0.72	0.72	0.72	0	0.75	0.8	0.81	0.81	0.81	0	0.5
M_6	0.5	0.61	0.61	0.82	0.75	0	0.53	0.56	0.56	0.91	0.5	0

移动模式	SAP						PDS					
	M_1	M_2	M_3	M_4	M_5	M_6	M_1	M_2	M_3	M_4	M_5	M_6
M_1	0	0.04	0.13	0.41	0.6	0.46	0	0	0.25	0.5	0.75	0.5
M_2	0.04	0	0.13	0.4	0.59	0.46	0	0	0.33	0.56	0.78	0.56
M_3	0.13	0.13	0	0.4	0.59	0.46	0.33	0.33	0	0.56	0.78	0.56
M_4	0.41	0.4	0.4	0	0.59	0.87	0.56	0.56	0.56	0	0.78	0.78
M_5	0.6	0.59	0.59	0.59	0	0.56	0	0	0	0	0	0
M_6	0.46	0.46	0.46	0.87	0.56	0	0	0	0	0.75	0.75	0

从表 5.6 所示的实验结果上可以发现这些方法的一些相同之处：对于相同的移动模式，两种方法得到的移动模式之间的距离都是 0。因此，从文献 Chen 等（2014）的人工数据集的实验结果上看，SMD 方法的表现也不错。然而，这些方法也有明显的不同之处。

（1）从 CPS 方法的距离矩阵上看，$d_p(M_1,M_2)+d_p(M_1,M_3)<d_p(M_2,M_3)$ 说明 CPS 方法不满足三角不等式。

（2）从 SAP 方法的距离矩阵上看，$d_p(M_2,M_4)+d_p(M_2,M_6)<d_p(M_4,M_6)$ 说明 SAP 方法不满足三角不等式。

（3）观察 PDS 方法的距离矩阵发现 $d_p(M_1,M_2)+d_p(M_1,M_5)<d_p(M_2,M_5)$ 且 $d_p(M_1,M_3)\neq d_p(M_3,M_1)$，说明 PDS 方法不满足三角不等式，并且 PDS 方法计算得到的距离结果是不对称的。

对上述实验结果进行总结，CPS、PDS 和 SAP 方法不满足性质（3）。很容易验证 SMD 方法满足基本性质（1）、性质（2）。因此，通过对实验结果的比较分析，将不同方法对基本性质的满足情况总结于表 5.7。

表 5.7　性质满足情况

方法	性质（1）	性质（2）	性质（3）
CPS	√	√	×
PDS	√	√	×

续表

方法	性质（1）	性质（2）	性质（3）
SAP	√	√	×
SMD	√	√	√

5.3　支持位置语义度量的用户相似度计算方法

前两节的方法仍然无法有效地发现相似用户，主要原因体现在以下两方面。

1. 驻留区域识别方面

如图 5.6 所示，$\langle p_0, p_1, \cdots, p_9 \rangle$ 形成了一个轨迹。轨迹上位置对用户的重要程度不尽相同：一些位置用户只是匆匆路过，而有些位置用户停留了很长一段时间。可以通过识别用户长时间停留的区域（驻留区域）来研究用户的行为规律。

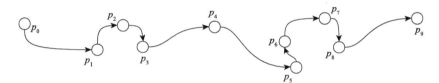

图 5.6　轨迹

现有工作已经开发出可以实现从轨迹中识别驻留区域的方法。现有方法的基本思想是从轨迹中抽取一段连续的时空点序列 $sr = p_i, \cdots, p_j$，使得 $\forall i \leqslant z \leqslant j$，$\mathrm{dist}(p_i, p_z) \leqslant \delta D$ 且 $\mathrm{time}(p_i, p_j) \geqslant \delta T$。其中，$\mathrm{dist}(p_i, p_z)$ 表示时空点 p_i 和 p_z 之间的地理距离；$\mathrm{time}(p_i, p_j)$ 表示用户从时空点 p_i 移动到 p_j 所需要的时间。应用此方法抽取图 5.6 中轨迹的驻留区域，其结果如图 5.7 所示。然而，现有方法对室内驻留区域的识别会存在问题。

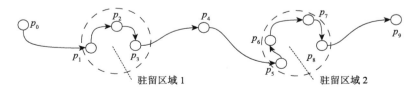

图 5.7　驻留区域

在图 5.7 所示轨迹的基础上发生如图 5.8 所示的变化，由于 $\{p_2, p_3, p_7, p_8\}$ 处于室内而无法被采集到。对于单个 p_1 来说，由于与 p_1 距离在 δD 范围内的时空点处于建筑物内都无法被采集到，p_1 与其他时空点形成驻留区域，最终导致无法形成驻留区域 1；对于 $\{p_5, p_6\}$ 来说，由于 $\{p_7, p_8\}$ 的缺失，即使 $\mathrm{dist}(p_5, p_9) > \delta D$ 成立，假设 $\mathrm{time}(p_5, p_6) \geqslant \delta T$ 不成立，也无法形成驻留区域 2。

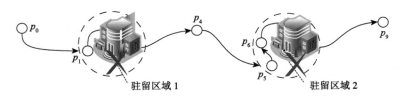

图 5.8　室内驻留区域

2. 语义轨迹距离度量

为了考虑位置语义信息和计算方便，现有方法将用户移动轨迹转换为语义位置序列即语义轨迹，将语义轨迹表示为字符串，通过一些字符串距离或相似度度量方法计算语义轨迹相似度，进一步计算用户相似度。然而，这些字符串距离或相似度计算方法实际上是将不同字符间的差异程度离散化，并且假设不同字符间的差异度是相同的。

现有方法常常基于 LCS 或字符串编辑距离计算位置序列距离或相似度。两字符串间的编辑距离与 LCS 存在如下关系：$\mathrm{edit}(S_1, S_2) = |S_1| + |S_2| - 2|\mathrm{lcs}(S_1, S_2)|$，其中 $\mathrm{edit}(S_1, S_2)$ 表示两字符串间的编辑距离；$|\mathrm{lcs}(S_1, S_2)|$ 表示两字符串 LCS 长度。字符串编辑距离定义为将一个字符串通过插入、删除和替换三种编辑操作转化为另一个字符串所需编辑代价的最小值。其中，插入或删除操作的编辑代价为 1，而替换操作的编辑代价为 1 或 2。若将字符串编辑距离应用于语义轨迹相似度计算，可以发现：不同语义位置间通过同种编辑操作的编辑代价均相同且取值为离散值 1 或 2，这显然与现实不符。

针对上述两个问题，本节提出支持位置语义度量（location semantic measurement，LSM）的用户相似度计算方法，以下简称 LSM 方法。

5.3.1　LSM 方法整体框架

图 5.9 描述了 LSM 方法的架构，主要包括两个任务。

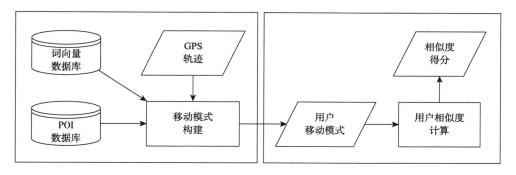

图 5.9　LSM 方法架构

1. 移动模式构建

不同用户在不同的或不重叠的地理空间中进行相同的活动可能代表着相同的兴趣爱好。因此结合 POI 数据库和词向量数据库，将用户的 GPS 移动轨迹从地理空间转换到语义空间，在语义空间上构建用户的移动模式，如图 5.10 所示，移动模式构建任务包括三个步骤。

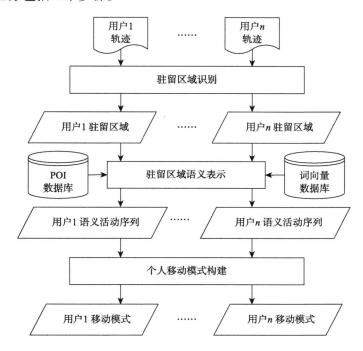

图 5.10　移动模式构建

（1）驻留区域识别，从用户的 GPS 轨迹中识别出用户长时间停留的区域（驻留区域），驻留区域代表着用户在 GPS 轨迹中的兴趣区域。驻留区域识别过程通过引入速度因素改善现有方法在室内驻留区域识别方面存在的问题。

（2）驻留区域语义表示，利用 POI 数据库获取驻留区域中所有 POI 的类别，结合词向量数据库，通过 POI 类别构成词的词向量表示驻留区域语义，并通过定义活动语义距离计算驻留区域活动的语义差异。

（3）个人移动模式构建，基于活动语义距离将驻留区域进行聚类成组，每个组被称为语义位置，使得用户的 GPS 轨迹被转换为语义位置序列（语义轨迹），再对语义轨迹进行切分，为每个用户构造个人移动模式。

2. 用户相似度计算

通过移动模式计算移动模式距离，在此基础上计算用户相似度。如图 5.11 所示，用户相似度计算任务包括两个步骤。

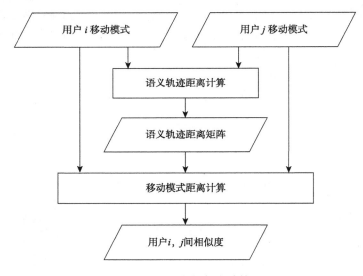

图 5.11　用户相似度计算

（1）语义轨迹距离计算，结合语义位置距离，通过广义字符串编辑距离定义和计算语义轨迹距离，生成两个用户移动模式间的语义轨迹距离矩阵。

（2）移动模式距离计算，通过语义轨迹距离矩阵，结合移动模式中语义轨迹的频次信息计算移动模式距离，进一步计算两个用户的相似度。

5.3.2　移动模式构建

本节对移动模式构建任务中的驻留区域识别、驻留区域语义表示和个人移动模式构建分别进行详细的介绍。

1. 驻留区域识别

假设图 5.6 所示轨迹中的 p_2、p_3 处于室内而丢失，使得该轨迹最终包含了 8 个时空点 $\{p_0, p_1, p_4, p_5, p_6, p_7, p_8, p_9\}$，并以签到时间为序形成时空点序列。我们通过这 8 个时空点说明驻留区域的识别过程，初始时选驻留区域 $\mathrm{tr}=\{p_0\}$，根据 δD、δT 和 δV 三个阈值的情况考察 tr 是否为驻留区域：我们发现 $\mathrm{dist}(p_0, p_1) > \delta D$，$\mathrm{time}(p_0, p_0) < \delta T$，$v(p_0, p_1) > \delta V$，所以 tr 为非驻留区域，删除 tr 中的首元素 p_0 增加 p_1。接着考察此时的 $\mathrm{tr}=\{p_1\}$：由于 $\mathrm{dist}(p_1, p_4) > \delta D$，$\mathrm{time}(p_1, p_1) < \delta T$，$\mathrm{time}(p_1, p_4) > \delta T$，$v(p_1, p_4) < \delta V$，所以 $\mathrm{tr}=\{p_1\}$ 为驻留区域被识别出来。随后候选驻留区域 tr 被重新赋值为 $\{p_4\}$，并采用相似的过程处理轨迹上其余的时空点，得到驻留区域 $\{p_5, p_6, p_7, p_8\}$。待轨迹中所有时空点处理完毕后，图 5.12 所示的用户轨迹被转换成驻留区域序列，表示为 $\{p_1\}, \{p_5, p_6, p_7, p_8\}$。与现有驻留区域识别算法相比较，本章通过引入平均速度阈值辅助室内驻留区域识别，找回了现有方法无法识别的驻留区域 $\{p_1\}$，降低了室内驻留区域被错误丢弃的可能性。

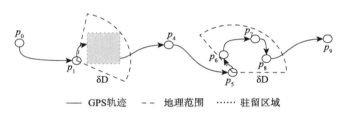

—— GPS轨迹　－ － 地理范围　······ 驻留区域

图 5.12　驻留区域识别

2. 驻留区域语义表示

通过驻留区域识别的过程，驻留区域被表示为一个时空点的集合，根据驻留区域中时空点确定一个能够包含所有这些时空点的最小矩形地理区域。如图 5.13 所示，根据驻留区域中所有时空点经纬度确定两个对角坐标（$\mathrm{lng}_{\min}$，$\mathrm{lat}_{\min}$）、（$\mathrm{lng}_{\max}$，$\mathrm{lat}_{\max}$），并由这两个坐标确定出一个矩形地理区域。其中 $\mathrm{lng}_{\min}$、$\mathrm{lng}_{\max}$、$\mathrm{lat}_{\min}$、$\mathrm{lat}_{\max}$ 分别为驻留区域中所有时空点的经度最小值和最大值，纬度最小值和最大值。若矩形地理区域的长或宽小于它们的均值，则长或宽分别利用其均值代替。此矩形区域只是确定一个地理区域，缺乏语义信息。

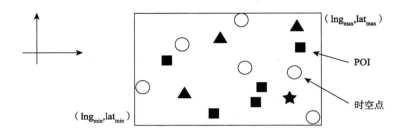

图 5.13　驻留区域语义表示（二）

为了赋予驻留区域语义信息，引入语义活动的概念：驻留区域的语义活动是由二元组 (W_i, w_i) 构成的集合。其中，W_i 表示驻留区域中 POI 类别的某个构成词，如医院、银行等；w_i 表示构成词 W_i 的归一化频次，其计算公式为 $w_i = n_i / N$，n_i 表示构成词 W_i 的驻留区域中出现的次数，N 表示此驻留区域中所有构成词出现的次数之和。

根据此矩形地理区域所包含的 POI 的类别构成词，定义用户此驻留区域活动的语义，并通过定义语义活动距离计算用户在不同驻留区域活动的语义差异。设 $A_s = \{(W_{s1}, w_{s1}), (W_{s2}, w_{s2}), \cdots, (W_{sm}, w_{sm})\}$，$A_z = \{(W_{z1}, w_{z1}), (W_{z2}, w_{z2}), \cdots, (W_{zn}, w_{zn})\}$ 表示两个语义活动，f_{ij} 表示单词 W_{si} 到 W_{zj} 的转换量，$d_e(W_{si}, W_{zj})$ 表示 W_{si} 和 W_{zj} 所对应的词向量之间的欧氏距离。则 A_s 和 A_z 之间的语义活动距离定义为

$$\min \sum_{i=1}^{m} \sum_{j=1}^{n} f_{ij} d_e\left(W_{si}, W_{zj}\right) \tag{5.8}$$

$$约束条件：\begin{cases} \sum_{i=1}^{m} f_{ij} = w_{zj}, & 1 \leqslant j \leqslant n \\ \sum_{j=1}^{n} f_{ij} = w_{si}, & 1 \leqslant i \leqslant m \\ f_{ij} \geqslant 0 \end{cases}$$

语义活动考虑了驻留区域中所有 POI 类别构成词和构成词频次两方面信息。例如，图 5.13 所示的驻留区域包括 1 个购物中心、3 个银行和 5 个饭店，那么此驻留区域的语义活动为：$\{(银行, 0.5), (饭店, 0.3), (购物, 0.1), (中心, 0.1)\}$。

3. 个体移动模式构建

经过驻留区域的语义表示后，每个用户的签到历史被表示为单一的语义活动序列 $a_0 \xrightarrow{\Delta_1} a_1 \rightarrow \cdots \xrightarrow{\Delta_m} a_m$。其中，$\forall 1 \leqslant i \leqslant m$；$\Delta_i = a_i t_x - a_{i-1} t_n$；$t_x, t_n$ 分别表示 a_i 和 a_{i-1}

所对应驻留区域中时空点时间戳的最大值和最小值；Δt_i 表示从 a_{i-1} 到 a_i 的间隔时间。如果 Δt_i 异常小，说明 a_{i-1} 和 a_i 应该属于一个更大地理范围的驻留区域却被固定距离阈值识别为两个不同的驻留区域。因此 Δt_i 小于一定阈值应该将 a_{i-1} 和 a_i 合并。相反，如果 Δt_i 异常大，我们应该在 a_{i-1} 和 a_i 之间将语义活动序列切成两个语义活动子序列。3σ 准则是统计学上识别异常值的常用方法，本文基于 3σ 准则确定 Δt_i 的异常阈值：Δt_i 异常最小阈值设置为 $\mu - 3\sigma$；Δt_i 异常最大阈值设置为 $\mu + 3\sigma$。其中，μ 表示 Δt_i 均值，σ 表示 Δt_i 标准差。

之后，基于语义活动距离对所有用户的语义活动进行聚类，将所有用户的语义活动分组到不同的簇，又称为语义位置。语义位置是多个语义活动合并的结果，只是对合并后的 POI 类别构成词频次进行了归一化，因此语义位置距离仍然可以看作一个产销平衡最小费用运输问题，且很容易证明语义位置距离仍然是度量函数。语义活动聚类的结果使得每个用户的签到历史被表示为一个语义位置序列集合。

设语义位置 sl 是由 K 个语义活动聚类得到的，即 $\text{sl} = \bigcup_{l=1}^{K}\{\text{sa}_l\}$，则 sl 也是一个由二元组 (W_i, w_i) 构成的集合。其中，对于 $\forall W_i$，$\exists \text{sa}_k$ 和 (W_i, w)，使得 $(W_i, w) \in \text{sa}_k$；$w_i = n_i / N$，$n_i = \sum_{l=1}^{K}\left(w | (W_i, w) \in \text{sa}_l\right)$，$N = \sum_{l=1}^{K}\left(w | \forall (W, w) \in \text{sa}_l\right)$。

由于语义位置序列被定义为语义轨迹，因此通过准则切分过程，每个用户实际上是被表示为语义轨迹的集合。由于语义轨迹集合仅仅由少量的语义轨迹构成，在其上应用频繁序列模式挖掘算法效果并不理想。因此，借鉴自然语言处理中 N-Gram 表示文档的思路进一步对语义轨迹进行切分，生成移动模式。用户的移动模式是由二元组 (T_i, w_i) 构成的集合。其中，T_i 表示一个频繁语义轨迹；w_i 表示 T_i 的权重，其计算公式为 $w_i = n_i / N$，n_i 表示 T_i 的次数，N 表示该用户所有频繁语义轨迹次数之和。

5.3.3　用户相似度计算

借鉴字符串编辑距离的概念计算语义轨迹距离。与普通的字符串编辑距离不同，语义轨迹距离体现了语义位置间的距离或相似度。

设语义位置集合为 Σ，空语义位置为 $\lambda \notin \Sigma$，对于 $\forall a, b \in \{\lambda\} \bigcup \Sigma$，则将 a 替换成 b 的编辑权值函数定义为

$$\gamma(a,b) = \begin{cases} d_N(a,b), & a \neq \lambda \text{ 且 } b \neq \lambda \\ 1, & a = \lambda \text{ 或 } b = \lambda \\ 0, & a = \lambda \text{ 且 } b = \lambda \end{cases}$$

其中，$d_N(a,b)$ 表示语义位置 a 和 b 间的归一化语义位置距离。设由所有语义位置

两两计算语义位置距离形成一个语义位置距离矩阵 A，$\mathrm{ceil}(C)$ 表示矩阵 C 中所有元素的最小整数上限，矩阵 C 中所有元素除以 $\mathrm{ceil}(C)$ 即得到归一化的语义位置距离。

实际上，上述语义位置编辑代价函数包括了插入、删除和替换三种操作的编辑代价。一个语义轨迹 T_1 可以通过三种编辑操作转换成另一个语义轨迹 T_2，转换代价为所有这些编辑操作的代价之和。T_1 转换成 T_2 所需的最小转换代价称之为语义轨迹编辑距离，记为 $\delta(T_1,T_2)$。

设两个语义轨迹 T_1 和 T_2，则 T_1 和 T_2 的语义轨迹距离定义为 $d_t(T_1,T_2)=\dfrac{2\delta(T_1,T_2)}{|T_1|+|T_2|+\delta(T_1,T_2)}$，其中，$|T|$ 表示语义轨迹 T 的长度；$\delta(T_1,T_2)$ 表示 X 和 T_2 的语义轨迹编辑距离。

设 $M_s=\{(s_1,w_{s1}),(s_2,w_{s2}),\cdots,(s_m,w_{sm})\}$，$M_z=\{(z_1,w_{z1}),(z_2,w_{z2}),\cdots,(z_n,w_{zn})\}$ 表示两个移动模式；f_{ij} 表示语义轨迹 s_i 到 z_j 的转换量；$d_t(s_i,z_j)$ 表示 s_i 和 z_j 所对应的语义轨迹距离。则 M_s 和 M_z 之间的移动模式距离定义为：$d_p(M_s,M_z)=\min\limits_{f_{ij}}\sum\limits_{i=1}^{m}\sum\limits_{j=1}^{n}f_{ij}d_t(s_i,z_j)$，约束条件为

$$\begin{cases}\sum\limits_{i=1}^{m}f_{ij}=\dfrac{w_{zj}}{w_z}, & 1\leqslant j\leqslant n\\[2mm]\sum\limits_{j=1}^{n}f_{ij}=\dfrac{w_{si}}{w_s}, & 1\leqslant i\leqslant m\\[2mm]\sum\limits_{i=1}^{m}w_{si}=w_s\\[2mm]\sum\limits_{j=1}^{n}w_{zj}=w_z\\[2mm]f_{ij}\geqslant 0\end{cases}$$

5.3.4　实验与结果分析

1. 实验设置与评估方法

实验中评测的方法及出处如表 5.8 所示。

表 5.8　评测方法汇总（三）

方法	出处
CPS	Chen 等（2014）
PDS	Mazumdar 等（2016）
SAP	5.1 节方法
SMD	5.2 节方法
LSM	本节方法

在 Geolife 数据集上构造了 K 近邻检索实验，并利用信息检索中的常用评价指标对各算法性能进行评估。

由于数据集中一些用户的签到数据量较少，因此我们选择轨迹数较多的 100 个用户数据进行后续实验。工作数据集的详细描述如表 5.9 所示。

表 5.9　工作数据集统计信息（二）

用户数	轨迹数	签到数	距离/千米	时长/时	驻留区域数
100	17 612	23 754 932	1 081 903	30 176	27 688

为了评估提出的框架，我们需要设置一些算法运行参数，如表 5.10 所示。

表 5.10　算法参数设置（二）

参数名	δD	δT	δV	d_c	k	$\sup_{\min}$
参数值	200 米	30 分钟	0.5 米/秒	0.5%	35	0.3

其中 δD、δT 和 δV 分别表示驻留区域识别算法中的距离阈值、时间阈值和速度阈值；$\sup_{\min}$ 表示 N-Gram 切分语义位置序列过程中的最小支持度阈值。我们选用密度峰值聚类（density peaks clustering，DPC）算法对语义位置进行聚类，d_c 表示 DPC 算法中平均每个数据点邻居占数据点总数的百分比；k 表示 DPC 算法最终的聚类数目。

为了进行 K 近邻检索实验，需要确定每个用户的真实近邻。为此，将每个用户的轨迹平均分成两部分，并将两部分分别看作两个不同的用户。假设经过驻留区域语义表示后，用户 u 的语义活动序列为 $s_0 \rightarrow s_1 \rightarrow \cdots \rightarrow s_m$。基于此语义活动序列，产生两个用户 $u^\#$ 和 u^* 使得 $u^\#$ 的语义序列为 $s_0 \rightarrow s_1 \rightarrow \cdots \rightarrow s_{\frac{m}{2}}$，$u^*$ 的语义序列为 $s_{\frac{m}{2}+1} \rightarrow s_{\frac{m}{2}+2} \rightarrow \cdots \rightarrow s_m$。经过此处理过程最终得到 200 个用户。实验过程中，依次选择每个用户通过算法检索其最近邻，将检索结果与真实近邻对比，并利用评价指标进行评测。

　　为了更准确地评估算法的检索性能，选择 MSP@K、MAP 和 nDCG@K 三个评价指标对各算法相似度计算结果的准确性进行评价。平均成功预测指数 MSP@K 定义如下：

$$MSP@K = \sum_{i=1}^{N} (s_i) \Big/ N \qquad (5.9)$$

其中，$N = 200$ 表示实验数据的所有用户数；s_i 表示检索第 i 个用户最近邻的得分。s_i 的定义如下：

$$s_i = \begin{cases} 1, & l_i \leqslant K \\ 0, & l_i > K \end{cases} \qquad (5.10)$$

其中，l_i 表示第 i 个用户的最近邻在 K 检索结果中的位置。

　　从 MSP@K 定义可以看出，用户的最近邻只要出现在 K 个检索结果中，检索结果得 1 分，而与最近邻在 K 个检索结果中出现的位置无关。实际上 l_i 越小，说明算法的检索准确度越高。为了考虑最近邻在检索结果中的出现位置因素，利用 MAP 评价指标对算法检索结果进行评价。

　　MAP 是信息检索领域中常用的评价指标。MAP 评价指标的定义形式与 MSP@K 基本相同，区别仅在于 s_i 的形式不同。针对本实验的具体情况，s_i 的定义如下：

$$s_i = \begin{cases} \dfrac{1}{l_i}, & l_i \leqslant K \\ 0, & l_i > K \end{cases} \qquad (5.11)$$

　　nDCG@K 是用于评估一次检索结果性能的评价指标。nDCG@K 评价指标中 s_i 的形式定义如下：

$$s_i = \begin{cases} \dfrac{1}{\log_2 (l_i + 1)}, & l_i \leqslant K \\ 0, & l_i > K \end{cases} \qquad (5.12)$$

2. 实验结果与分析

　　图 5.14 中（a）、（b）和（c）纵坐标分别是各算法 K 近邻检索实验在 MSP@K、MAP 和 nDCG@K 指标上的评价结果，三个指标的值越大说明算法的检索结果越准确。横坐标表示检索的近邻数(K)。从实验结果可以看出，LSM 方法在三个指标上的值都高于其他方法，说明 LSM 方法计算的用户相似度结果要好于其他方法。

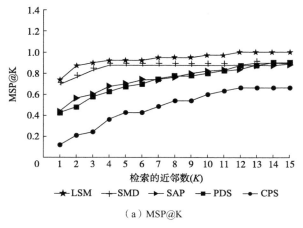

（a）MSP@K

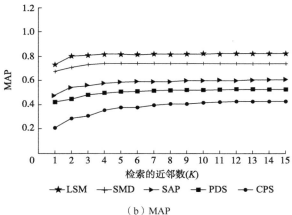

（b）MAP

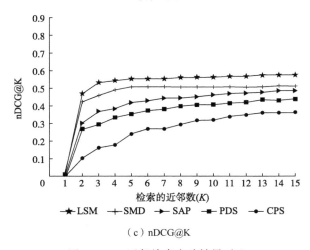

（c）nDCG@K

图 5.14　K 近邻检索实验结果对比

　　另外，通过进行一组实验评估本章提出新的驻留区域识别和语义表示方法的有效性。实验结果如图 5.15 所示，同样对比了各方法 K 近邻检索结果在三个评价指标上的评价结果。实验中，LSM-VS 采用 Xiao 等（2014）中的驻留区域识别方法和驻留区域语义表示方法；LSM-S 在 LSM-VS 基础上采用本章提出的驻留区域识别方法；LSM-V 在 LSM-VS 基础上采用了本章提出的驻留区域语义表示方法。观察图 5.15 可以发现，新的驻留区域识别和语义表示方法两种改进措施均使得三个评价指标有较大幅度的提高，驻留区域识别方法改进的效果要好于驻留区域语义表示方法，结合两者的改进效果更加明显。

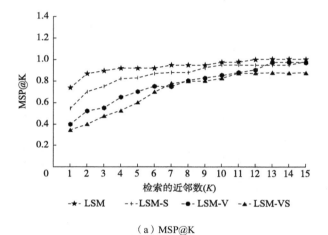

（a）MSP@K

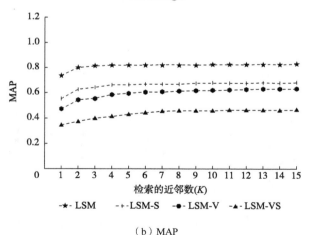

（b）MAP

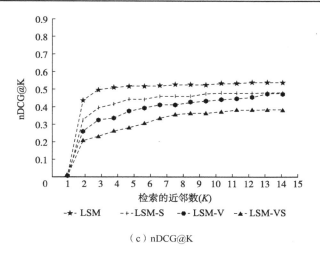

（c）nDCG@K

图 5.15 不同改进措施结果对比

语义活动的聚类是通过 DPC 算法实现的，通过调节 DPC 算法相关参数来确定最终的聚类数目，完成整个聚类过程。

DPC 算法利用局部密度 ρ，相对距离 δ 两个特征来刻画聚类中心。数据点 x_i 的 ρ_i 表示 x_i 周围密度小于 x_i 的数据点的个数；数据点 x_i 的 δ_i 表示 x_i 距离所有局部密度大于 x_i 的数据点的距离的最小值。所有数据点根据 ρ 和 δ 两个特征绘制于如图 5.16 所示的决策图中，而聚类中心的两个特征相对较大。DPC 算法通过截断距离 d_c 进行聚类，并通过调节 d_c 发现 d_c 偏小时聚类中心倾向于集中在决策图的左上角，而 d_c 偏大则聚类中心数量过小，最终我们将 d_c 设置为 0.5%。

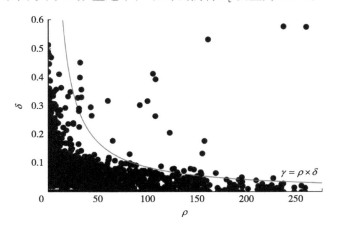

图 5.16 决策图

　　另外，通过两个特征乘积 $\gamma = \rho \times \delta$ 的大小确定聚类中心，按照数据点 γ 值的大小进行降序排序，将 γ 值较大的前 k 个数据点作为聚类中心。设第 k 个数据点的 γ 值为 γ_k，则在决策图中曲线 $\gamma_k = \rho \times \delta$ 上面的数据点均为聚类中心。通过变化 k 的取值，观察 LSM 算法 K 近邻检索在 nDCG@K（其他评价指标的结果类似）上的评价结果。如图 5.17 可以发现，随着聚类中心数目 k 的增大，nDCG@K 的结果也增大，当 k 的值大致上超过 35 时，nDCG@K 的结果基本保持不变。因此，最终将聚类中心数目 k 设置为 35。

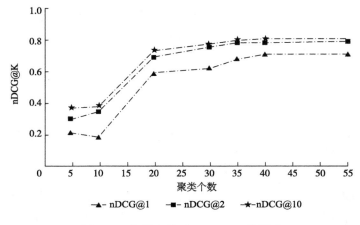

图 5.17　聚类个数对 nDCG@K 的影响

5.4　本　章　小　结

　　移动互联网、传感器技术及多元化定位技术的快速发展，使得轻易获取用户的位置数据成为可能。对用户行为数据进行分析，挖掘其中的行为模式，可以更好地理解用户的行为特征。本章基于移动用户行为数据对用户行为建模和用户相似度计算方法进行了深入的研究，提出基于指派问题的用户相似度计算方法、基于序列移动距离的用户相似度计算方法及支持位置语义度量的用户相似度计算方法。

第6章 面向互联网的灾害社会影响信息抽取

灾害的社会影响具有多样化、非结构性、复杂性的特点，灾害社会影响评估包括对致灾因子、承灾载体、孕灾环境和防灾减灾等方面定性和定量的评价和评估。随着灾害的发生，灾害评估等级会发生变化，准确评估灾害社会影响有利于及时有效地提出灾害应对措施，为防灾减灾提供依据。本章主要介绍大数据支持下的灾害社会影响传统指标抽取过程，首先给出基于模式匹配的灾害社会影响传统指标抽取方法，主要用于抽取人员伤亡、房屋倒塌等指标；其次，提出并实现基于图模型和语义空间的关键词抽取方法。

6.1 信息抽取概述

随着信息技术飞速发展，互联网已经成为最流行的信息发布媒介。互联网使得人们无论是发布信息还是阅读信息都变得极为方便。然而，随着互联网信息爆炸性地增长，人们想要精确获取一条自己所期望的信息资料却变得像大海捞针般困难。如何有效、快速、准确地检索所需要信息，成为亟待解决的问题。

在这种背景下，搜索引擎技术出现了，它帮助人们通过关键词来获取相关的Web页面。然而，搜索引擎只是部分缓解了信息检索存在的问题，它返回的结果并不能令人满意。其不足之处表现在以下三个方面。

（1）返回的结果粒度较大，虽然给出了相关页面的链接甚至网页快照，但用户还是需要浏览整个网页才能找到相关信息。

（2）查询结果不准确。查询结果中包含有大量重复的、过时的或者用户根本不感兴趣的数据。

（3）检索模式简单。只提供 AND、OR、NOT 等基于关键字的简单查询逻辑，无法提供类似结构化查询语言（structured query language，SQL）这样强大的查询。由于无法定制精确的查询，想要获取精确的结果是不可能的。

信息抽取作为一种自动化抽取技术应运而生。信息抽取指的是从自然语言文本中抽取指定类型的实体（entity）、关系（relation）、事件（event）等事实信息，并形成结构化数据输出的文本处理技术（Grishman，1997）。信息抽取技术并不试图全面理解整篇文档，只是对文档中包含相关信息的部分进行分析。至于哪些信息是相关的，由系统设计时定下的领域范围而定。例如，从有线新闻和广播电视的文本中抽取恐怖事件相关情况：时间、地点、作案者、受害者、袭击目标等信息。从理论研究角度出发，信息抽取的研究涉及自然语言处理（natural language processing，NLP）、机器学习（machine learning）、数据挖掘（data mining）等多个学科的知识。从应用角度出发，信息抽取将非结构化文档转化为结构化信息，为信息检索和知识问答提供了有力的技术支持，使它们更加智能化。

信息抽取与信息检索存在差异，主要表现在以下几个方面（李保利等，2003）。

（1）功能不同。信息检索系统主要是从大量的文档集合中找到与用户需求相关的文档列表；而信息抽取系统则旨在从文本中直接获得用户感兴趣的事实信息。

（2）处理技术不同。信息检索通常使用统计和关键词匹配等技术，把文本看成词的集合，不需要对文本进行深入的分析理解；而信息抽取通常要借助自然语言处理技术，通过对文本中的句子及篇章进行分析处理后才能完成。

（3）不同的适用领域。由于它们采用不同的技术，信息检索通常是与领域无关的，而信息抽取是与领域相关的，只能抽取系统预先设定好的有限种类的信息。

信息检索的目的是根据用户的查询请求从文档库中找出相关的文档。用户必须从找到的文档中翻阅自己所要的信息，而信息抽取是从文档中取出相关信息点。因此这两种技术是互补的。若结合起来可以为文本处理提供强大的工具。

从 20 世纪 80 年代开始，在信息理解会议（Message Understanding Conference，MUC）、自动内容抽取（Automatic Content Extraction，ACE）会议及文本分析会议（Text Analysis Conference，TAC）等评测会议的大力推动下，文本信息抽取技术的研究得到蓬勃发展。其中，MUC 包含五个评测任务，分别是命名实体识别（named entity recognition，NER）、同指关系（co-reference）消解、模板元素（template element）填充、模板关系（template relation）确定和场景模板（scenario template）填充。数据来源是限定领域语料，如海军、军事情报、恐怖袭击、人事职位变动等，ACE 会议从 1999 年到 2008 年总共进行了九届，涉及实体检测与跟踪（entity detection and tracking，EDT）、数值检测与识别（value detection and recognition，VDR）、时间表达式识别和规范化（time expression recognition and normalization，TERN）、关系检测与描述（relation detection and characterization，RDC）、事件检测与描述（event detection and characterization，EDC）、实体翻译（entity translation，ET）等评测任务。数据来源主要是书面新闻语料。TAC 从 2009 年开始，评测任务包括实体链接（entity linking）和槽填充（slot filling），数据来源是新闻和网络数据。

经过多年的发展，信息抽取技术已经广泛运用于军事情报（Schade and Frey，2004）、电子商务（刘非凡等，2006）、医学（Abacha and Zweigenbaum，2011）等领域。

目前，主要形成了三种基本的信息抽取方法：基于模式匹配的方法（邵堃等，2014）、基于统计的方法（孙承杰和关毅，2004；Freitag，2000）和基于知识库的方法（Wimalasuriya and Dou，2010；Saggion et al.，2007）。基于模式匹配的方法是指在一些模式的指导下进行信息抽取，而模式指的是待抽取信息的抽象表示，它体现了特定信息的组成元素，可以通过人工或自动的方式来设定或获取。该方法也可以被称为基于规则的方法。在早期，一般以手工的方式设置抽取规则。随着应用范围的扩大，手工抽取规则成为瓶颈。近期大量语料库的涌现，为规则的自动学习和获取提供了可能（郑家恒等，2004）。基于统计的方法是建立在统计方法基础上的一种信息抽取方法，目前常用的统计模型有最大熵模型（Chieu and Ng，2002）、隐马尔可夫（Freitag and McCallum，2000）、条件随机场（Hansart et al.，2016）等。这两种方法比较起来，基于模式匹配的方法准确率比较高，但可移植性比较差，同时模式的编制过程也较为烦琐，费时费力，容易产生错误；基于统计的方法灵活性和健壮性比较好，召回率也比较高，但受语料库规模的约束。基于知识库的方法主要是基于 Ontology、知识图谱等方法来实现信息抽取。Ontology 和知识图谱可以捕获相关的领域知识，提供对该领域知识的共同理解，确定该领域内共同认可的词汇，并从不同层次定义了领域词汇之间的关系。将 Ontology 引入信息抽取可以有效提高信息抽取的性能，但是 Ontology 和知识图谱的构建需要一定的领域专家的参与。

6.2　基于模式匹配的灾害社会影响传统指标抽取

6.2.1　抽取方法

社交媒体的发展产生了大量的文本数据，这些无结构的文本数据中蕴含着大量有用的信息。灾害发生后，有关部门会及时发布和更新灾害相关信息，而相关民众也会通过社交媒体对灾害进行广泛传播和扩散,让更多的人关注和了解灾害。这些大数据中蕴含着灾害社会影响评估指标，如房屋倒塌、学校坍塌等信息。基于模式匹配的灾害社会影响传统指标抽取是指从这些网络文本（新闻、博客、论坛等）中抽取与灾害社会影响相关的数据信息，分析指标的时间分布特性。

通过分析灾害社会影响传统指标在网络文本大数据中的呈现形式，我们发现网络文本中对这些指标的描述有着相对固定的格式，所以我们选用了基于模式匹配的方法进行灾害社会影响指标的抽取。

基于模式匹配的方法主要通过正则表达式实现，正则表达式是种特殊的字符串，由普通字符和特殊字符组成，能按照特定语法规则被解释成多种字符串，并对目标字符串进行匹配。灾害人员损失指标主要包括死亡和受伤两种，正则表达式为以下两种形式。

（1）（人员损失描述词）人口？（程度副词）（数字）（人类数量词）。

（2）（数字）（程度副词）（人类数量词）（人员损失描述词）。

其中，人员损失描述词：受灾|死亡|失踪|伤病|下落不明……程度副词：至少|约|将近|多|余……人类数量词：个|人|名|位……数字：阿拉伯数字|中文数字……

其他灾害社会影响指标抽取的正则表达式与此类似，包括房屋倒塌和农田损坏，工厂厂房受损，学校、医院、养老院等社会福利机构受损及水电等基础设施受损，此处不再赘述。

灾害社会影响具有一定的动态性，即随着灾害态势的不断发展，其造成的影响是不断变化的。反映在评估指标上，即灾害社会影响评估指标的取值是不断变化的。为了能从时间维度上详细刻画灾害社会影响的变化情况，需要从网络文本数据中抽取灾害影响指标值更新的时间。

通过分析灾害相关的网络文本大数据，发现有三种常用的日期表示格式，其相应的正则表达式如下。

（1）yyyy 年 mm 月 dd 日：（[0−9]+）[\u5e74]（[0−9]+）[\u6708]（[0−9]+）[\u65e5]。

（2）yyyy-mm-dd：（[0−9]+）[-]（[0−9]+）[-]（[0−9]+）。

（3）yyyy.mm.dd：（[0−9]+）[\.]（[0−9]+）[\.]（[0−9]+）。

常用的时间表示格式以及相应的正则表达式为 hh：mm：（[0−9]+）[：]（[0−9]+）。

6.2.2　实验数据准备

为了验证上述基于模式匹配的指标抽取方法的性能，我们首先通过自制网络爬虫收集了两个与灾害相关的网络文本大数据。在通过网络爬虫进行数据获取的过程中，发现物理上存在的一个网页有时会在不同的服务器上存在多份镜像和多个引用。造成这种现象一方面是因为爬虫程序没有清楚地记录已经访问过的统一资源定位器（uniform resource locator，URL），另一方面则是因为域名与 IP 地址之间存在的多重对应关系。这类页面可能会被重复爬取，从而增加了数据冗余度，为此重复 URL 的排除和内容相同网页的排除是网页抓取过程中要解决的关键问题。

1. URL 去重

URL 去重的首要工作是对所有的 URL 进行规范化处理，即将所有 URL 采用统一的格式来表示。通过对 URL 进行分析，发现一个 URL 中可能含有父目录（/../）和当前目录（/./）这样类似的字符串。为了规范化处理，本节提出将所有的 URL 都统一成 URL 绝对路径。比如，将 "http://www.sdust.edu.cn/books/../papers/wang. aspx" 规范化为 "http://www.sdust.edu.cn/papers/wang.aspx"。URL 的规范化处理为 URL 去重提供了基础，保证了排重的效率和质量。

在对 URL 进行规范化以后，为了不重复爬行，必须让爬虫记住爬行历史。记住爬行历史的方法有很多种，可将访问过的 URL 字符串存储在内存中，也可以将 URL 存储在数据库中。这两种方法最终都可以在一定的时间和空间范围内排除重复的链接。当 URL 的数量增长到一定的规模时，内存模式将导致机器崩溃；数据库模式将增加大量的输入输出次数，而输入输出次数的增加对数据库系统而言是灾害性的。这些问题会使抓取系统的效率明显下降，使得网络带宽处于空闲状态。

为此，提出首先将 URL 进行数字化，并实验了两种数字化方法，分别为信息摘要算法（message-digest algorithm 5，MD5）和布隆过滤器（Bloom filter）算法。

MD5 是 Ronald Rivest 于 1992 年提出的，当时他向国际互联网工程任务组（The Internet Engineering Task Force，IETF）提交了一份描述 MD5 原理的文件[①]。MD5 签名是一个哈希函数，可以将任意长度的数据流转换成一个固定长度的数字，通常是 4 个整型的数，即 128 个比特位。这个数字称为"数据流的签名"或者"指纹"（digital finger print），并且数据流中任意一个微小的变化都会导致签名值发生变化。

布隆过滤器算法是由布隆于 1970 年提出的（Bloom，1970），该算法包含了一个很长的二进制向量和一系列随机映射函数，下面通过一个例子来说明其工作原理。假定有 1000 万个 URL，首先建立一个拥有 1.6 亿个二进制位的向量，即 2000 万字节，然后将这 2000 万个字节设置为零。对于每一个 URL，用八个不同的哈希函数（$F1, F2, \cdots, F8$）产生八个哈希值（$f1, f2, \cdots, f8$）。然后

---

① Ronald Rivest，1992，The MD5 message-digest algorithm. https://tools.ietf.org/html/rfc1321[2018-07-04].

将这八个哈希值映射到 1.6 亿个比特位中的八个位置，将这八个位置全设置为 1。当有新的 URL 出现时，通过计算其对应的八个哈希值，并检查这八个哈希值在 1.6 亿个比特位中对应的八个位置是否全部为 1 即可判断当前 URL 是否重复。图 6.1 是布隆过滤器算法工作原理。

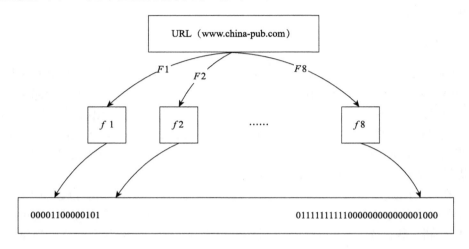

图 6.1　布隆过滤器算法工作原理

基于数字化思想的 URL 去重原理是：每当有一个 URL 到达时，首先将该 URL 字符串数字化，即利用 MD5 或者布隆过滤器算法将一个 URL 字符串唯一地计算成一个整数（URL 的摘要信息），并将其存放在内存中。然后将该 URL 的摘要信息与已有的摘要进行比较，即可以判断出该 URL 是不是新的 URL。

通过 URL 的数字化，可以大大降低内存空间的消耗。因为整个排重过程都在内存中进行，不需要任何的输入输出处理，系统的处理速度将提高几个数量级。当数据量不大时可以采用 MD5 生成 URL 字符串的摘要信息；而当数据量比较大时，布隆过滤器算法更合适。布隆过滤器算法的优点是对于相同数量的 URL 进行摘要处理，其内存使用量是 MD5 的 1/8；缺点是不同 URL 之间冲突的概率较大。

2. 网页去重

尽管前面去除了重复的 URL，但是不同的 URL 所指向的网页的内容也可能会是相同的，如果不排除内容重复的页面，必定使得系统要做更多无意义的工作。目前常用的 Web 页面内容的排重方法是通过计算页面之间的相似度，通过设定阈值来作为判断重复网页的依据。在通用爬虫系统中，利用相似度的排重方式会使系统的消耗非常大。

采用与 URL 去重相似的方法,将每个 Web 页面的内容数字化,通过一定的哈希算法将页面表示成一个唯一的整数(摘要信息),将已出现的网页全部数字化并将对应的摘要信息保存在内存空间。当出现一个网页时,应用 MD5 计算它的摘要,通过与内存中已有的摘要信息做比较,判断是不是重复的网页。通过网页的排重,可以极大地降低系统的处理时间和空间消耗。当判定一个网页是重复的网页时,可以直接扔掉该网页,而不需对网页进行链接提取及后续的 URL 排重等操作。

最终获取了关于"盐城龙卷风"和"重庆暴雨"两个灾害案例的如下数据。

(1)从 2016 年 6 月 23 日到 2017 年 6 月 23 日"盐城龙卷风"灾害事件的新浪微博及新闻报道数据,共计 6230 条。

(2)2014 年 8 月 29 日到 2014 年 9 月 5 日的"重庆暴雨"灾害事件相关的新浪微博及新闻报道数据,共计 451 条。

6.2.3　实验与结果分析

在获得了数据以后,首先需要对语料进行中文分词,其次进行如下的预处理操作。

(1)同义词合并。关于灾害的描述词汇是多种多样的,如关于人员伤亡的描述词有死亡、遇难、罹难、夺去生命、遭难等。为了便于同义词合并,我们统计了描述灾害影响的词汇,如表 6.1 所示。在处理过程中,将关于某一方面的描述词汇统一替换成一个词,如将"死亡、遇难、罹难、夺去生命、遭难、伤亡、夺走"都替换为死亡。

表 6.1　同义词表

描述方面	同义词
人员死亡	死亡、遇难、罹难、夺去生命、遭难、伤亡、夺走
人员受伤	受伤、重伤、轻伤、伤病
建筑	倒塌、塌陷、损坏、摧毁、毁坏、损害、破坏、破损、损毁、捣毁、推倒、夷为平地、吞噬、烧毁

(2)去重。抽取出的每一条数据中会出现重复的内容,需要将重复内容逐一删除。

实验结果主要包括两部分:指标的抽取结果和指标的时间分布特性分析结果。指标的抽取主要是尽可能地抽取到所有与灾害社会影响相关的指标值,指标的时间分布特性以人员损失为例,分别统计不同的时间段每种人员损失情况的结果及不同人员损失情况在微博中出现的时长。

在获得了抽取结果以后，基于规则对抽取结果进行了后处理，主要包含以下几个操作。

（1）每一种伤亡结果必须在所有的数据中出现至少 10 次，否则被认为是干扰数据。

（2）与灾害事实不符或无关的抽取结果也被认为是干扰数据。比如，"死亡 321 人、重伤 842 人、下落不明 32 人"共出现 8 次，而且第一次出现时与当时的"10 人死亡"相差太远，所以为干扰数据。

（3）对于同一条数据中出现的两个不同的死亡数据，以数据值大的为主，因为灾害造成的死亡人数是不断变化的，随着统计工作的不断推进，会不断获取关于死亡的新数据，所以以数据值大的为主，即以新内容为主。

在 6230 条关于"盐城龙卷风"的灾害数据中，与人员损失相关的共有 1562 条。通过上文的抽取方法，得到人员损失结果如表 6.2 所示。

表 6.2　部分人员损失抽取结果

序号	时间	伤亡情况
1	2016-06-23 18：24	目前已有 7 人死亡
2	2016-06-23 18：31	已造成 51 人死亡
3	2016-06-23 18：53	造成至少 7 人死亡，20 人重伤
4	2016-06-23 19：04	已造成 51 人死亡
5	2016-06-23 19：08	目前已有 7 人死亡
6	2016-06-23 19：10	袭击已致 7 人死亡 20 余人受伤
7	2016-06-23 19：15	获知已有 7 人死亡
8	2016-06-23 19：16	已有 51 人死亡
9	2016-06-23 19：21	有 7 人死亡
10	2016-06-23 19：21	已致 10 人死亡

需要说明的是，由于龙卷风这种灾害的持续时间较短且瞬间造成伤亡，因此收集的数据中关于伤亡统计的截止时间很少有明确的描述，大多为龙卷风发生的时间，即为 2016 年 6 月 23 日 14：30，这样不能体现伤亡统计结果随时间的变化情况，所以，对于"盐城龙卷风"的伤亡情况统计，选择微博的发文时间作为伤亡统计结果的参考时间，伤亡情况统计值的出现时间一定是早于微博发文时间的。

而其他受灾情况信息的抽取结果如表 6.3 所示，包括房屋倒塌数、学校房屋受损情况、企业厂房受损情况、大棚受损情况、通信基站退服情况、路灯毁坏情况和居民用电受损情况。

表 6.3　部分其他指标抽取结果

序号	抽取结果
1	盐城阜宁县倒塌损坏房屋 8 004 户 28 104 间
2	2 所小学房屋受损
3	损毁厂房 8 幢
4	损坏大棚面积 4.8 万亩
5	220 座各类通信基站退服
6	损坏路灯 162 杆
7	40 条高压供电线路受损
8	阜宁县倒塌损坏房屋 8 004 户 28 104 间
9	2 所小学房屋受损
10	损毁厂房 8 幢
11	损坏大棚面积 4.8 万亩

除了"盐城龙卷风"，还抽取了"重庆暴雨"的部分微博数据中的灾害社会影响指标，结果如表 6.4 所示，包含的指标除了上文提到的，还有受灾人口数、牲畜损失情况、紧急转移和需紧急生活救助人口数、道路交通损害情况、农田损害情况等。

表 6.4　"重庆暴雨"指标抽取结果

序号	时间	抽取结果
1	2017-04-19 09：16	498 所学校受灾
2	2017-04-19 09：16	2.2 万人受灾，9.2 万人紧急转移，3.8 万人需紧急救助
3	2017-04-19 09：16	共冲走和掩埋 24 头牛、179 头猪、63 只羊、1230 只鸡，波及 23 条公路
4	2017-04-19 09：16	目前房屋倒塌 140 户 355 间，滑坡危及 45 户
5	2017-04-19 09：16	1.1 万人受灾，7.1 万人紧急转移安置，3.2 万人需紧急生活救助，农作物受灾面积 5.29 万公顷，其中绝收 0.73 万公顷
6	2017-04-19 09：17	0.5 万人受灾，房屋倒塌 1321 户 3674 间
7	2017-04-19 09：18	全垮和局部倒塌房屋 77 户 168 间
8	2017-04-19 09：18	目前已恢复 31 条次线路供电
9	2017-04-19 09：18	9.8 万人受灾，紧急转移安置 3.9 万人，农作物受灾 1.62 万公顷，其中绝收 0.32 万公顷
10	2017-04-19 09：18	9.8 万人受灾，紧急转移安置 3.9 万人
11	2017-04-19 09：19	重庆云阳一村庄 19 间民房遭山洪冲垮
12	2017-04-19 09：19	倒塌房屋 2251 间
13	2017-04-19 09：19	2.1 万人受灾
14	2017-04-19 09：19	目前至少 2 户的房子随滑坡消失
15	2017-04-19 09：19	5.5 万人受灾
16	2017-04-19 09：20	大村镇 4 座小二型水库面临溃坝危险
17	2017-04-19 09：21	房屋倒塌 42 户 94 间，严重损坏 87 户 185 间

　　以人员损失的微博数据为例,通过同义词替换、去重和删除干扰数据后,2016
年6月23日至6月29日一周内一共1400条灾害人员死亡结果数据,其中,死亡
99人共101条,死亡98人共479条,死亡78人共473条,死亡51人共251条,
死亡10人共72条,死亡7人共24条。如表6.5所示,包含灾害发生一周内每一
天中不同人员死亡结果分布情况,其中死亡98人的微博条数最多,死亡7人的微
博条数最少。6月23日的微博条数最多,离灾害发生的时间越远,微博数量越少。

表 6.5　　不同死亡人数的分布情况　　　　　　　单位:条

时间	死亡7人	死亡10人	死亡51人	死亡78人	死亡98人	死亡99人	总数
2016-06-23	22	71	233	140	25	0	491
2016-06-23	1	1	16	320	327	0	665
2016-06-23	1	0	0	11	78	0	90
2016-06-23	0	0	1	1	23	17	42
2016-06-23	0	0	1	1	12	49	63
2016-06-23	0	0	0	0	12	19	31
2016-06-23	0	0	0	0	2	16	18
总数	24	72	251	473	479	101	1400

　　分别统计从2016年6月23日至2017年6月23日六种人员死亡结果数据第
一次出现在微博中的时间和最后一次出现在微博中的时间,如表6.6所示,由于
龙卷风具有时间短且破坏力极强的特性,灾害发生后尽管官方已经相继公布7人
死亡和10人死亡数据,但是在网络中并没有及时出现,直到出现51人死亡的数
据后才被网民广泛关注。在灾害发生后10小时内死亡人数数据一共更新了五次,
最后的死亡人数结果是在灾害发生后的第四天才公布的,但与第五次的结果相差
很小。在微博中持续最长时间的是死亡78人和死亡99人,前者的相关微博数量
比较多,后者是最终的官方公布结果。

表 6.6　　不同死亡人数在微博中出现的时间

死亡人数	第一次出现在微博的时间	最后一次出现在微博的时间
7人	2016-06-23 18:24	2016-06-25 09:40
10人	2016-06-23 18:16	2016-06-24 02:02
51人	2016-06-23 16:16	2016-07-06 09:40
78人	2016-06-23 20:51	2017-06-23 22:49
98人	2016-06-23 19:34	2017-03-27 17:14
99人	2016-06-26 09:40	2017-06-23 13:38

　　人员受伤的描述有受伤、重伤、伤员,因为受伤与重伤是包含与被包含的关

系，所以当同时出现受伤和重伤时以受伤为主。人员受伤的统计数据分四种情况：
20 人有 11 条，500 人有 288 条，800 人有 259 条，846 人有 164 条，比死亡人数
的微博数量少很多，由此可见，死亡人数这个指标比受伤人数更加被广大网民关
注。表 6.7 是不同的受伤人数数据在微博中出现的时间结果，受伤 20 人这个数据
是最早出现的，随着灾害的发生人数逐渐增多。受伤 846 人在微博中存在的时间
最长，也是最终的官方公布结果。

表 6.7　不同受伤人数在微博中出现的时间

受伤人数	第一次出现在微博的时间	最后一次出现在微博的时间
20 人	2016-06-23 18：53	2016-06-23 21：05
500 人	2016-06-23 22：19	2017-06-23 22：49
800 人	2016-06-24 09：21	2017-01-13 08：41
846 人	2016-06-24 09：57	2017-05-11 22：01

6.3　基于图模型和语义空间的关键词抽取

关键词是指那些能够代表文本主要内容并能用以区别其他文本的词汇。关
键词抽取作为文本处理的一个基本步骤，广泛应用于文本检索、分类、摘要、
专有词典构建及互联网广告等领域。关键词抽取一直都是自然语言处理领域中
的一个研究热点，研究者已经开展了一些面向不同领域文本的关键词抽取方法
研究，但是面向微博的关键词抽取的研究比较少。

本节主要介绍面向中文微博的关键词抽取方法。微博关键词抽取结果有着广
泛的应用，如可用于用户兴趣建模、热点事件检测等研究中。我们工作的重点是
如何有效地获得单条微博的关键词，这对于热点事件检测、分类、聚类等相关研
究意义重大。结合微博长度短、议题发散等固有特点，本节提出了一种基于图模
型和语义空间的关键词抽取方法。

6.3.1　中文微博特性分析

作为文本，微博有其独特的形式：有一定的字数限制，包含链接、表情符号
等。具体总结为下面几个特征。

（1）文本的不规范性：自然语言作为人类的本族语，承载着人类互相交流的
任务。它是人类思维的延伸，所以在人类的发展过程中，自然语言也在跟随着发
生改变，在表现形式及词语意义浓缩度上都发生了巨大的改变，特别是表现在中

文微博上，在语言的表现上，经常会出现毫无关联的表述，如"#副局长打骂科长#越位，罚黄牌；口头警告一次"。

（2）表情符号：在微博消息中，会经常包含很多表情符号，如点赞的表情符号，在抽取的文本中，显示为[赞]（注：不同的微博平台中，表情符号将对应不同的文本）。表情符号带有一定的感情色彩，对于微博消息的情感倾向有着一定的影响，所以曾有研究微博情感分析的研究者尝试使用微博中带有的表情符号来判断对应微博的情感倾向性。

（3）网页链接：微博的优点在于共享消息的即时性，所以在消息中会出现大量的链接地址，这些链接经常是某些新闻、视频、图片的网页地址。由于链接是对某些事实的反映，看不出其对主题的情感倾向，所以一般情况下，处理微博短文本都会对短文本进行预处理，删除链接等不相关的因素，以便得到更好的呈现结果。

同时，微博传播信息具有以下几个方面的特点。

（1）传播信息的"碎片化"。传统的大众传播是有组织的传播活动，是在特定的组织目标和方针指导下的传播活动，其新闻具有完整性并符合主流话语。而微博是自媒体，它的碎片化信息传播迎合了社会信息化的进程，弥补了传统媒体时效性、即时性、反馈性弱的不足，散布在世界各地的微博主随时传播着新闻和评论，见证着事件的发生，评论着事件的真善美等，以一种旁观和参与兼顾的状态记录着生活中的大事、琐事，思想上的千头万绪，并宣泄着自己的情绪、诠释着自己的观点和倾向。这种碎片化的信息传播方式满足了现代社会的信息化需求、符合大众生活中碎片化时间管理习惯，也淡化了大众传媒的传播者地位，改变了现代社会人们关注信息的方式和习惯，也对社会生活方式和社会交往方式产生了冲击。

（2）传播速度的"即时性"。微博打通了固定互联网和移动互联网之间的限制，实现了电脑与手机的终端融合，使内容的传播比其他媒体更便捷、更迅速。和手机的无缝结合，是微博最具革命性的意义。这样只要有手机信号，用户就可以随时随地、随心所欲地去生产、阅读微博。

（3）传播内容的"自主性"。微博既是一个传播平台，又是一个内容自创平台，让人人都成为内容的制造者、见证者、传播者、评论者。理论上，在微博的世界里，个人可以向全世界喊话，每个人都可以把微博当作一个"自媒体"，形成一个自己的受众群落，用微博的方式，随时随地将个人的所见所闻以最精练的词汇，发布给自己的受众。与此同时，微博用户既可以通过所关注的对象阅读感兴趣的信息，并进行反馈，在其他用户的微博主页上直接发表自己的看法，也可以通过转发把信息扩散出去。

（4）传播方式的"互动性"。微博跟传统媒体及博客、论坛等新媒介相比，最大的特点就是，它实现了一种真正意义上的双向互动传播。在微博上，信息传递聚合了一对多、多对一、多对多等多种形式。微博文本内容虽然有长度限制，但通过超链接、图片和视频，每条微博都可以有丰富的延伸，给予使用者简便的阅读体验和自由度的同时，也提供了多元、多层次和多角度的扩展性能。

6.3.2　微博关键词抽取系统框架

图 6.2 给出了用于微博关键词抽取的系统框架。

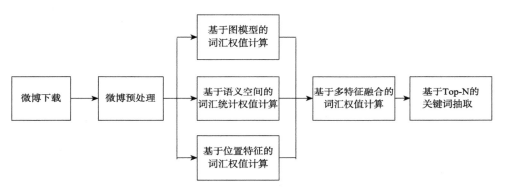

图 6.2　关键词抽取系统框架

　　实验过程中，我们采用新浪提供的微博 API 下载某个特定用户的微博。另外，由于微博数据是一种 UGC 数据，其中包含很多的噪声数据，所以在抽取关键词之前必须对微博数据进行数据清洗等预处理，这是后续能准确抽取关键词的前提。主要包括以下几个预处理操作。

　　（1）数据清洗。在微博中有很多的噪声数据，如用户账号、表情符号及 URL 等内容，而这些内容成为关键词的可能性很小。为了准确抽取关键词，数据清洗部分首先将这些内容删除掉。①用户账号：在新浪微博中，对于用户账号的引用有两种情况，对于不同的情况可以采取不同的操作。第一种情况是当前的微博 A 是对某一条微博 B 的转发，此时会用"//@用户账号："引出 B。这种情况下，我们将"//@用户账号："全部删除；第二种情况是形如"@用户账号"，此时我们便去检测"@用户账号"前面有无回复二字，有的话我们将"@用户账号"全部删除，而如果没有则表示用户在撰写微博时提及了某个用户，这种情况下用户账号其实是作为微博的内容的，所以此种情况下只是将"@"删除。②表情符号：微博中通常含有较为丰富的表情符号，这些符号对于情感分析比较有用，但是对于关键词抽取意义不大，选择将其删除。下载的新浪微博数据中的表情符号通常用中括号（"[]"）括起来，如[阳光]、[疑问]等信息，本节根据这个特点制定规则来删除表情信息。③URL：在微博中常常包含着一些 URL，暂时没有考虑去利用其中的内容，所以采用正规表达式将这些 URL 识别出来并将其删除。

（2）分词与词性标注。由于本节是处理的中文微博，所以必须对其进行分词。实验中采用中国科学院分词工具 ICTCLAS 2011 进行分词，同时采用中国科学院计算技术研究所的二级标注级来标注词汇的词性。

（3）确定词汇的位置信息。位置信息主要是为了在建立图模型的过程中统计词汇之间的共现关系。

除了上述的预处理操作外，在计算词汇权值之前我们还进行了去除停用词的操作，同时将某些特定词性（如数词、介词等）的词汇删除，一般情况下这样词性的词汇不会成为关键词。

6.3.3　基于图模型的词汇权值计算方法

在无指导的关键词抽取研究中，词频-逆向文件频率（term frequency- inverse document frequency，TFIDF）是一个比较常用的抽取方法。但是前期的实验结果发现，由于微博的内容具有一定的长度限制，通常情况下都比较短，很多词汇在单条微博中的词频（term frequency，TF）值都是 1，所以简单地基于 TFIDF 进行关键词抽取效果不是太好。图模型是另外一种常用的无指导的关键词抽取方法，而且被证明图模型在抽取常规文本关键词时性能不错。因此，为了有效地抽取微博关键词，可以采用图模型表示微博文本中词汇之间的关系，并基于词汇之间的共现关系建立图模型，其建立过程如图 6.3 所示。

图 6.3　图模型建立过程

值得说明的是，为了更为准确地统计关键词的共现关系，建立图模型时，在去除停用词之前先基于分词结果标记了各词汇在微博中的位置，即赋予每个词一个位置序号。比如，对于一个分词后的结果"巴黎/nsf 早上/t 蔚蓝/b 的/ude1 天空/n"，为其标记序号为"[1]巴黎/nsf [2]早上/t [3]蔚蓝/b [4]的/ude1 [5]天空/n [6]"。统计词汇共现时，如果两个词的序号差值小于 distance，则两个词构成共现关系，否则两个词不构成共现关系，其中 distance 是一个预设的用以度量两个词之间距离的阈值。

建立图模型后，采用式（6.1）计算基于图模型的词汇权值：

$$\mathrm{Score}(V_i) = (1-d) + d \times \sum_{V_j \in \mathrm{In}(V_i)} \frac{1}{\left|\mathrm{Out}(V_j)\right|} \mathrm{Score}(V_j) \qquad (6.1)$$

其中，$\mathrm{In}(V_i)$ 表示了指向顶点 V_i（顶点表示微博中的词）的顶点的集合；$\mathrm{Out}(V_j)$ 表示顶点 V_j 指向的顶点的集合；d 表示一个可调参数，通常设置为 0.85。

不难看出，式（6.1）是一个递归公式，该递归终止的条件 $\mathrm{Score}^{k+1}(V_i) - \mathrm{Score}^k(V_i) \leqslant \theta$，其中 $\mathrm{Score}^{k+1}(V_i)$ 表示第 $k+1$ 次迭代时计算得到的顶点 V_i 的权值；θ 表示收敛阈值。

从式（6.1）可以发现，当图中某顶点的入度为 0，即 $\mathrm{In}(V_i) = \varnothing$ 时，该顶点基于式（6.1）计算得到的权值均为 $1-d$。比如，对于图 6.4 所示的图模型，顶点"巴黎"和顶点"钢琴"的权值均为 0.15（$d=0.85$）。虽然整体来说微博数据是一种短文本，但是不同微博的长度的差别还是比较大的，有的微博只有几个字，而有的微博则可以较长，所以微博数据会存在不同程度的数据稀疏情况。对于图中的情况，有可能会产生多个词汇权值相同的情况，这样便无法区分这些词汇的排序，为此还需要引入其他的特征来将关键词加以区分。例如，基于语义空间的统计特征及位置特征。

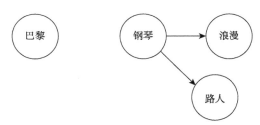

图 6.4　图模型示例

6.3.4　基于语义空间的词汇权值计算方法

在研究中发现，人们发表微博时的习惯是：当人们到某个地方旅游或者看到某些感兴趣的事情时，通常会连续发几条微博，虽然内容不完全相同，但是都是基于同一个主题。本节将和当前微博主题相关的微博组成的集合称为语义空间，下面给出其形式化定义：

$$\mathrm{SemanticSpace}(w_i) = \{w_j \mid w_j \text{ 是和 } w_i \text{ 相关的微博}\} \qquad (6.2)$$

其中，w_i 和 w_j（$i,j = 1,2,3\cdots$）表示一条微博；$\mathrm{SemanticSpace}(w_i)$ 表示 w_i 的语义空间。从定义可知，不同微博的语义空间中包含的微博是不同的，而且其中包含的微博数也是不相同的。

本节采用基于增量聚类的话题检测算法建立语义空间，同时在建立语义空间之前，对微博进行预处理操作。其中微博采用向量空间模型表示，微博之间的相似度采用余弦函数计算。

有了语义空间以后，本节提出基于语义空间来计算词汇的 TFIDF 值，计算公式如下：

$$\text{TFIDF}(\text{word}_i) = \text{TF}(\text{word}_i) \times \lg\left(\frac{\text{SemanticSpace}(W)}{\text{SSF}(\text{word}_i)} + 1\right) \quad (6.3)$$

$$\text{SSF}(\text{word}_i) = \sum W_k \in \text{SemanticSpace}(W) \ \text{Appear}(\text{word}_i, W_k) \quad (6.4)$$

其中，word_i 表示微博 W 中的词汇，$1 \leqslant i \leqslant |W|$；$\text{SemanticSpace}(W)$ 表示 W 的语义空间；$\text{TF}(\text{word}_i)$ 表示 word_i 在 W 中的词频；$\text{SSF}(\text{word}_i)$ 表示 word_i 在 $\text{SemanticSpace}(W)$ 中的微博频次，由式（6.4）计算得到。如果 word_i 在 W_k $[1 \leqslant k \leqslant \text{SemanticSpace}(W)]$ 中出现，$\text{Appear}(\text{word}_i, W_k) = 1$，否则 $\text{Appear}(\text{word}_i, W_k) = 0$。

6.3.5　基于多特征融合的关键词抽取方法

至此，已经得到了词汇的两个度量值：即 Score 值和 TFIDF 值。我们提出将两个度量值结合起来抽取关键词，具体方法如下：

$$\text{S\_TFIDF}(\text{word}_i) = \text{Score}(\text{word}_i) \times \text{TFIDF}(\text{word}_i) \quad (6.5)$$

研究过程中，我们还发现由于微博字数的限制，许多博主采用"开门见山"的叙述方式，即越靠近微博开始的词汇越是重要的词汇。为此，将词汇的位置信息也作为关键词的特征之一，并最终采用式（6.6）计算词汇排序值：

$$\text{Rank}(\text{word}_i) = \text{S\_TFIDF}(\text{word}_i) \times \frac{1}{\text{LOC}(\text{word}_i)} \quad (6.6)$$

其中，$\text{Rank}(\text{word}_i)$ 表示本节中用来度量词汇重要性的排序值；$\text{LOC}(\text{word}_i)$ 表示在微博中的序号，即在统计共现时为其确定的位置信息，式（6.6）表示序号越小，即越靠近微博开头的词汇越重要，实验表明，该特征是一个非常有效的特征。

在得到了词汇的排序值以后，采用 TOP-N 的方法来抽取微博的关键词，即将词汇按照排序值从高到低的顺序进行排序，取前 N 个排序值较高的词汇作为微博的关键词。

6.3.6　实验与结果分析

由于缺乏公开的标记语料，为了评测提出的方法的有效性，我们手动建立了微博语料库。建立过程为：首先通过新浪微博提供的 API 函数（指定一个用户 ID）下载某个用户最新的 200 条微博（注：微博 API 的限制使得只能下载 200 条）。其次，手动标记这 200 条微博的关键词。由于本节的方法完全是无指导的，因此 200 条微博全都用作测试语料。

评测过程中，可以采用传统的正确率、召回率和 F1 作为评价指标。有了每条微博的评测结果，系统最终的评测值是 200 条微博的评测结果的平均值。

为了验证本章提出方法的有效性，本节设计了以下几组实验。

实验 6.1：通过图模型计算词汇权值来抽取关键词。本实验中，词汇的权值采用式（6.1）进行计算，其中参数 $d=0.85$，$\theta=0.0001$，实验结果如表 6.8 所示。

表 6.8　实验 6.1 实验结果

distance	$N=2$	$N=3$	$N=4$	$N=5$	$N=6$	$N=7$	$N=8$
1	0.4165	0.4252	0.4247	0.4689	0.4746	0.4912	0.4901
2	0.3202	0.4203	0.4182	0.4924	0.4745	0.4814	0.4901
3	0.3034	0.4203	0.4144	0.4310	0.4863	0.4921	0.4999
4	0.3073	0.4252	0.4051	0.4441	0.4840	0.4803	0.4892

实验 6.1 的结果显示基于图模型只能抽取部分正确的关键词，仔细分析建立的图可以发现，由于微博通常比较短，经过预处理以后剩余的词比较稀少，这样在建立的图模型中有一些词通过式（6.1）计算的分值是相同的，对于该类词，图模型无法准确判定关键词。

实验 6.2：基于图模型和语义空间抽取关键词。本实验将图模型和语义空间结合起来使用，每个词汇的权值为式（6.5）计算的权值的乘积，实验结果如表 6.9 所示。

表 6.9　实验 6.2 实验结果

distance	$N=2$	$N=3$	$N=4$	$N=5$	$N=6$	$N=7$	$N=8$
1	0.5665	0.6338	0.5883	0.5742	0.5511	0.5543	0.5485
2	0.5581	0.6139	0.5876	0.5874	0.5618	0.5419	0.5394
3	0.5473	0.6100	0.5877	0.5834	0.5625	0.5425	0.5293
4	0.5240	0.5956	0.5610	0.5610	0.5623	0.5419	0.5287

从实验 6.2 的结果可以看出，加入了基于语义空间的统计特征以后，关键词抽取的效果大幅度增加，证实了本章提出的基于图模型和语义空间相结合的关键词抽取方法的有效性。

实验 6.3：基于图模型、语义空间和位置信息抽取关键词。此实验中将三方面结合起来，即采用式（6.6）计算词汇的权值，实验结果如表 6.10 所示。

表 6.10　实验 6.3 实验结果

distance	N=2	N=3	N=4	N=5	N=6	N=7	N=8
1	0.6157	0.6972	0.6556	0.6187	0.5900	0.5678	0.5519
2	0.6152	0.6961	0.6687	0.6312	0.5907	0.5671	0.5514
3	0.6342	0.6790	0.6687	0.6310	0.5907	0.5671	0.5508
4	0.6328	0.6782	0.6671	0.6296	0.5907	0.5671	0.5507

再次对比实验 6.3 和实验 6.2 的结果，可以看出加入了位置特征以后，关键词抽取的效果再次得到提升。原因是：由于字数的限制，很多人比较喜欢开门见山地叙述事情，即关键词一般会靠在前面的部分。

为了进一步分析实验结果，图 6.5 给出了实验结果对比图。从图中可以看出，当参数 $N=3$、4 时效果要好一些，这是因为微博长度比较短，所以通常用几个词汇便可以表征微博的主题内容；另外，参数 distance 的值对结果的影响不是很大。

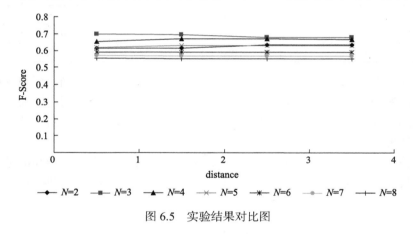

图 6.5　实验结果对比图

仔细分析实验结果发现，抽取微博关键词时引起抽取错误的原因主要有以下几个。

（1）分词及词性标注错误。微博的特点如议题发散、句式不规范等特征导致传统的分词及词性标注系统在微博上的性能有所下降，出现很多分词及词性标注错误的例子。比如，对于以下几个词及各自的分词和词性标注结果为："春天百货（春天/t 百货/n）""亚历山大三世桥（亚历山大/n 三/m 世/q 桥/n）""和解金（和解/v 金/n）""自由行（自由/a 行/v）"。此类错误将对关键词抽取的正确性产生影响。

（2）缺乏更加有效的预处理方法。可以在进行预处理时进行词性过滤，但是一些词汇本应该成为关键词但却因为被标注了错误词性而被过滤掉（如"三/m 世/q 桥/n"等），这将直接影响关键词抽取的性能。

（3）缺乏更加具有区别性的特征。本章采用了图模型、统计及位置三个特征，但是对于一些词汇仍然难以区别，也可以考虑加入更多的特征加以区分。

6.4　本 章 小 结

　　本章主要关注灾害社会影响传统指标的抽取，主要包括人员伤亡、房屋倒塌等指标，同时结合抽取到的时间给出了灾害影响传统指标的动态变化过程。在进行传统指标抽取时，通过分析灾害传统指标在网络文本数据中的呈现形式，我们提出采用基于模式匹配的方法进行抽取，实践表明该方法对于抽取灾害社会影响传统指标是有效的。另外，本章提出并实现了基于图模型和语义空间的关键词抽取方法。

第7章 灾害的互联网公众关注度分析

灾害发生后，受关注程度是评估灾害社会影响的重要指标。随着 Web2.0、移动互联网及物联网等技术的发展和应用，现实世界中的灾害发生后短时间内便会引起广大民众的关注，并可能快速扩散形成一定的网络公众关注度。对灾害网络公众关注度的准确评估、灾害社会影响分析及网络舆情监管具有重要的理论和实践意义。本章以面向灾害社会影响评估为导向，通过对不同灾害事件多个不同维度的数据挖掘刻画灾害网络公众关注度时空分布规律，并对公众关注度的动态演化过程进行分析及可视化，用以指导灾害社会影响评估。

7.1 网络公众关注度概述

公众关注度是指社会或者社会的某一局部对于某一事物或人物关心或注意的程度（刘益，2007）。从传统意义上讲，公众关注度可通过集会、集社、游行等方式表达，参加的人越多表示公众关注程度越大，也可以通过产品销售、媒体阅读等方式表达出来，如报纸、书籍的售出。最畅销的书可以看作较大的公众关注度的一个代名词。公众关注度还可以通过抽样调查、民意调查的方式表达出来。传统意义上的公众关注度具有非精确性和非即时性两个特点。非精确性是指将公众关注度转化为文字表达的时候，往往使用的都是估计的语言。非即时性是指要得到这些表达方式的估计描述，尤其是带有数字的估计描述，往往需要较长的一段时间，而不会是一种随着表达发生的即时行为。

公众关注度存在独立效应、替代效应和叠加效应。①公众关注度的独立效应，是指一件接连发生的事件或是有时间交叉的事件之间的公众关注度几乎不存在相互影响。②公众关注度的替代效应，是指一个事件发生后，引起了公众一定程度的关注度，在这件事件的公众关注度还没有降低到平稳状态时又发生了一件与这件事相同或者类似的事件，公众就会在好奇心的驱使下不自觉地关注新发生的突发事件。③公众关注度的叠加效应，是指一件事件发生后，引起了公众一定的关注度，然后又发生了一件或多件与这个事件存在一定程度的某种关联的事件，那么由新发生的事件引起的前一个事件的关注度增加便是公众关注度的叠加效应（杜帅楠和陈安，2011）。

网络媒体作为新兴媒体，与传统媒体主要提供信息内容服务不同，主要提供信息传播平台。Web 2.0 技术与平台的出现，使人人有了传播平台，人人可以做自媒体，公众不再只是信息接收者，还可以自由发布和传播信息。在大数据时代，在 Web 社交媒体这一新兴媒体作为传播途径下，灾害网络舆情的传播与挖掘分析应该引起管理者的高度重视，这对于提高决策的民主化与科学化具有十分重要的作用。

微博作为一种新兴的信息交流平台，可以满足人们对灾害信息的获取、交流和分享等多种需求，打破了传统媒体一对多的定向传播及网络媒体一对多的互动传播，采用"用户—粉丝—粉丝的粉丝……"的裂变信息传递模式。一条灾害信息能够以几何级数的速度不断传播，忽略地域、用户特性、用户需求等进行不间断的传播，一条灾害信息的发布可能会被成千上万人看到。灾害信息通过多次及多层次的转发就能够被更多的用户知晓，逐渐地传播开来，直到用户停止"转发"，也就没有更多的用户能够接触到信息，信息不能被进一步地扩散开来，在微博中就停止了传播。"转发"这种信息传播方式必须依赖用户与用户之间的关系网络，如果失去了这样的网络，"转发"也就变得毫无意义，信息也就不能在用户之间传播开来。

随着移动互联等社交媒体技术的发展，越来越多的群众选择通过各种社交平台来发表自己对某一事件的观点和看法。这种表达方式与传统的表达方式有着非常大的区别，从而有了网络公众关注度的概念。

刘益（2007）认为网络公众关注度是通过计算机互联网渠道，以点击数、跟帖数、网页数等具体的数字表达的。在此基础上，杜帅楠和陈安（2011）认为网络公众关注度是指人们通过计算机、手机等可以上网的工具，对网络上描述或报道的社会事件的发生、发展和善后处理等进行的搜索、浏览、回复或回帖、转载和发表观点、表明态度等行为的频率总和。

如前所述，基于传统的问卷法等方式来度量公众关注度往往存在事后效应和人工偏误等缺点，而线上用户行为的一手数据能够体现实时和真实的公众反应，能够较为准确地评价和度量公众关注程度。所以，目前在大数据环境下，研究者提出通过相应信息的转发和评论数量来度量公众关注度（Chew and Eysenbach，2010；Ripberger et al.，2014）。转发和评论行为都体现了公众对信息的关注，但是二者属于不同层面的用户行为（张秀娟，2017），对信息的传播方式起到的作用也有所不同。评论是个人对信息的各种观点和反馈，用户的评论可能包含对信息的理解、情绪表达、质疑、追问等各种反应。拥有较多评论数的信息往往能够吸引更多的关注，一方面多数用户倾向于浏览围观相关评论，另一方面希望能从评论中获取有用信息。转发行为是将相关信息分享在自己的主页上，从而将信息传播到第三人的时间轴上。这不仅体现了转发用户本身的关注行为，又能获取更大范围的关注度。

现有的网络公众关注度的研究工作中只关注了时间维度上的网络公众关注度及其演化，即随着时间的流逝，公众对灾害的关注量（评论数、转发数等）。我们认为，网络公众关注度除了可以通过相应的统计量来表征以外，还体现在关注的范围上，即公众的空间分布情况。所以我们将灾害的网络公众关注度分为灾害的时间公众关注度和灾害的空间公众关注度两个方面。

7.2　灾害的时间公众关注度

随着各类社交媒体的迅速发展，网络舆情逐渐形成并日益活跃，凭借其强大的影响力和渗透力，对政治生活秩序和社会稳定的影响与日俱增。灾害发生后，相应的网络舆情信息会迅速出现在互联网的各种不同平台之上，其中蕴含着对灾害的各种描述。分析灾害网络舆情在时间上的分布和演化情况、发展趋势、可能造成的现实危机，并定期进行监测数据分析可以帮助政府和决策部门客观全面地评估灾害社会影响，及时掌握网络舆情危机的级别，及时采取积极有效措施。

为了准确刻画灾害社会影响在时间上的分布特点和演化趋势，我们以"曲靖矿难"和"八宝矿难"两次灾害为例，首先从新浪微博中感知和两次灾害相关的网络舆情信息，对网络舆情的动态演化进行深入研究，以期准确刻画灾害关注度随时间的变化情况。

7.2.1　"曲靖矿难"的时间公众关注度分析

2014年4月，云南省曲靖市先后发生了"4·7"和"4·21"两起煤矿突发事故，引起了社会大众的广泛关注，形成了网络舆情。利用自制的网络爬行器，从微博平台收集了关于曲靖煤矿突发事故的网络舆情6187条。为了后续可视化结果更为清晰直观，从中抽取了2014年4月7日到2014年6月7日相关的微博，共计2162条，并解析出微博用户间的转发关系，共1968条。

图7.1显示了随着时间的流逝，用户对曲靖煤矿突发事故关注度的变化，其

中横坐标是时间，纵坐标是对灾害事故的转发和评论数。从图 7.1 可以看出，2014年 4 月 7 日曲靖市麒麟区东山镇下海子煤矿发生透水事件以后，在微博上短时间内出现了许多关于此次事件的舆情信息，但随着时间的推移，对此事件的关注度有所下降，这符合突发事件网络舆情的演化规律。但同时我们发现虽然对 4 月 7 日的曲靖煤矿事故的微博转发量非常大，但是公众对 4 月 21 日的"曲靖矿难"关注不多，分析原因是一些官方微博没有对其进行发布，在微博中提到"曲靖矿难"的都是一些个人微博，所以没能引起大量转发。

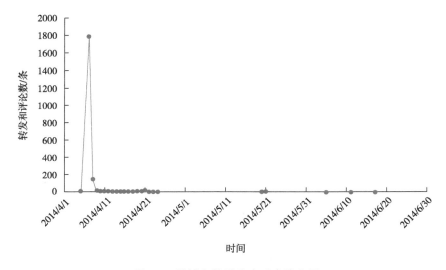

图 7.1　微博舆情关注度动态演化图

7.2.2　"八宝矿难"的时间公众关注度分析

2013 年 3 月 29 日，吉林省白山市江源区的八宝煤矿发生一起瓦斯爆炸事故。2013 年 4 月 1 日，因通化矿业公司擅自违规派人员到八宝煤矿井下再次处理火区，八宝煤矿井下再次发生瓦斯爆炸。两起瓦斯爆炸事故，共造成 35 人死亡，16 人受伤，11 人失踪（刘自如，2013）。

我们以 Google Chart Tools 为可视化呈现工具，对 2013 年 3 月 30 日到 4 月 10 日共计 12 天的时间内舆情分析结果进行了实验来验证可视化呈现的效果。Google Chart Tools 是一款可以将实时的动态数据进行显示的优秀制图工具，而且它支持呈现具有交互功能的图表，非常适合实时性要求比较高的突发事件舆情监测。我们利用这个可视化工具将灾害的时间公众关注度实时显示，同时还可以通过拖拽 Google Chart Tools 上的时间控制条，方便地查看任意一段舆情时间内的网络公众关注度的变化。通过对舆情的数量变化的直观呈现，不仅可以让舆情的整体发展态势一目了然，也可以提高相关人员对该事件的决策效率。

图 7.2 是"八宝矿难"灾害的时间公众关注度变化趋势图。从图 7.2 中可以看出，"八宝矿难"发生以后的第二天也就是 3 月 30 日当天舆情达到 1257 条，是第一个关注高峰。随着时间的推移，到 3 月 31 日时，舆情较之前明显变小，但 4 月 1 日时，舆情又逐渐变大达到 325 条，到 4 月 2 日继续增长，达到 601 条，到 4 月 3 日时又迎来第二个关注高峰。从舆情在 3 月 31 日和 4 月 1 日的异常变化中可以推测，4 月 1 日突发事件应该发生了某些特殊事件，事实也证明，4 月 1 日发生了矿难升级，此即关注度的叠加效应。从 4 月 4 日开始舆情又逐渐减小，一直到 4 月 6 日。但 4 月 7 日的微博数量又剧增，经过验证，这个变化是由于政府组织的煤矿事故调查组公布了调查报告，且报告中指出了瞒报伤亡人员数量的情况。通过对舆情的数量变化的直观呈现，提高了相关人员对该事件舆情监测的效率，通过实验也证明了数据的变化趋势确实能在一定程度上反映出突发事件的发展情况。

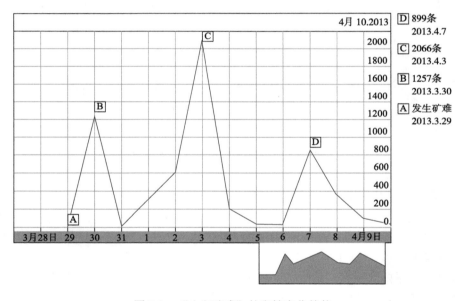

图 7.2　　"八宝矿难"的舆情变化趋势

7.3　灾害的地理空间公众关注度

我们认为灾害的公众关注度除了体现在时间维度上以外，还体现在空间维度上，即随着时间的推移，关注此灾害的公众在空间上的分布情况，通过分布范围来刻画灾害的空间公众关注度。

为了得到关注灾害的公众在地理空间上的分布，使用 GIS 进行大数据下灾害空间分布分析与可视化，以数据采集模块得到的数据中包含微博的地理信息为数据源，采用 Google Maps JavaScript API V3，将网络中包含的地址信息映射到实际的地理空间，对灾害事件的空间关注分布进行了可视化分析。由于从微博中采集到的地理信息只是包含发布者所处的地级市行政区划，因此由网络空间映射到地理空间的原理也比较简单：直接将微博中的地理信息通过正向地理编码技术显示在地图上。通过统计灾害事件中微博发布数量较多的城市信息来分析灾害事件舆情的分布情况。

本书将"八宝矿难"事件从 3 月 29 日晚事件发生到 3 月 30 日当天 7 点整的空间网络关注度情况进行了可视化（限于篇幅，不做展示）。根据可视化结果可以看出该事件相关的网络舆情在某一时间段的主要分布城市。3 月 29 日事件发生后，网络舆情主要集中在吉林省通化市周围省市，随着时间的推移，逐渐扩大到全国范围。还可以看出截止到事发第二天早 7 点时，相关微博的发布城市还是主要集中在东北地区。后来的监测数据显示，到 3 月 30 日 12 点时，舆情微博的发布地主要集中在北京、上海、重庆等舆论性较强的大城市和陕西、山西等与煤矿关系比较紧密的省份。

通过空间可视化结果可以直观看到灾害事件在不同时间段的影响范围，进而辅助相关人员迅速做出决策。从这一点也可以看出舆情监测的必要性和地理信息对于灾害事件舆情监测和辅助决策的重要意义。

7.4　灾害的网络空间公众关注度

研究受灾群体的信息传播方式就是研究关于灾害信息的微博的网络特征，通过传播路径和时间特性的分析，以及对用户信息传播能力的度量，再现灾害信息传播的动态演化过程和传播规律特征。把所有转发过某一灾害相关信息的用户作为样本数据，构建用户关注网络和灾害信息传播网络。

为了对灾害网络舆情的传播规律进行刻画，收集了"曲靖矿难"相关的网络舆情信息，采用社会网络模型对其传播规律进行可视化，并计算分析了常用的网络指标。社会网络（social network，SN）是一种基于"网络"（节点之间的相互连接）而非"群体"（明确的边界和秩序）的社会组织形式（吕楠等，2009），关注的是人们之间的互动和联系，而社会互动将会影响人们的社会行为。社会网络分析方法是研究一组行动者（可以是人、社区、群体、组织、国家等）的关系的研究方法。社会网络分析方法中常用的分析指标有连接组件、模块化、平均度、平均加权度、平均聚合系数、网络平均路径长度等。

　　"曲靖矿难"发生后，公众会在微博上发表相关的博文，而其好友则可以对其进行回复或者转发，从而形成突发事件网络传播的社会网络。我们对转发关系社会网络进行如下定义，记参与"曲靖矿难"网络传播的微博用户 ID 集合为 V，$E = V \times V$ 表示微博转发关系集，当且仅当用户 $v_i \in V$ 转发了用户 $v_j \in V$ 的微博时，$(v_i, v_j) \in E$，则称 (V, E) 为微博转发关系图。

　　为了使用户间的转发关系更加直观，将解析出的 1968 条转发关系记录，利用 Gephi 进行了可视化。Gephi 是一款开源免费跨平台基于 Java 虚拟机（Java virtual machine，JVM）的复杂网络分析软件，其主要用于各种网络和复杂系统中动态分层图的交互可视化，也可用作探索性数据分析、链接分析、社交网络分析、生物网络分析等。基于 Gephi 建立了"曲靖矿难"网络传播社会网络（限于篇幅，不做展示）。从构建的网络传播社会网络中可以发现，在此次灾害传播过程中，有几个核心节点，分别是央视新闻、头条新闻及新闻晨报。云南曲靖市麒麟区东山镇下海子煤矿一采区 2014 年 4 月 7 日凌晨 4:50 发生了透水事故，央视新闻于 11：34 发布了第一条微博报道了此次透水事故，紧接着其他许多地方性的网络媒体官方微博对此进行了转发，4 月 7 日当天对此微博的转发达到了 1800 多条。

　　对某一灾害的信息传播网络计算其节点平均度、网络平均路径长度、聚合系数、中心性指标和网络直径，分析其复杂网络特性。通过上述的参数比较用户关注网络和信息传播网络的差异，探索灾害信息传播受哪些因素的影响。为此，为了更深入挖掘舆情传播规律，对"曲靖矿难"网络传播社会网络进行了以下多项指标分析。

1. 网络密度

　　网络密度（Density）是网络中各节点间关系的紧密程度，是指在网络中实际存在的边数与可能数量的边数的比例，用来衡量节点之间的关系是否紧密。因为我们建立的微博舆情转发社会网络是一个有向图，所以网络密度的计算公式如式（7.1）所示，其中 l 表示网络中实际存在的边；n 表示网络中节点的总个数。

$$\text{Density} = \frac{l}{n(n-1)} \tag{7.1}$$

　　根据式（7.1）计算出来转发网络的网络密度为 0.001，从这个值可以看出，这个网络中节点之间不太紧密。这一点从所构建的转发网络中也可以看出，转发过程中很多节点都是直接从几大核心节点转发，但是个体节点之间存在转发的概率很小。

2. 网络平均路径长度

网络平均路径长度（average path length）是该微博转发网络中所有存在路径相连的节点之间的最短路径。通过 Gephi 计算出"曲靖矿难"微博舆情转发社会网络的网络路径平均长度为 1.135，网络中存在的最短路径条数为 2021 条，而网络直径（diameter）为 5。从此处得到的网络平均路径长度和网络直径来看，大多数节点只需要中间有 1 个节点的转发即可相互连接，而最远的两个节点也只需要 5 个节点的转发。

3. 聚合系数

聚合系数（clustering coefficient）是社会网络的局部特征，某个节点 v_i 的聚合系数定义为 $\dfrac{l_{v_i}}{k_{v_i}\left(k_{v_i}-1\right)}$，其中 k_{v_i} 表示与节点 v_i 相连的边数；$k_{v_i}\left(k_{v_i}-1\right)$ 则表示这 k_{v_i} 条边连接的节点（k_{v_i} 个）之间最多可能存在的边数；l_{v_i} 为 k_{v_i} 个节点之间实际存在的边数。网络的平均聚合系数定义为所有节点的聚合系数的均值，如式（7.2）所示。

$$ACC = \frac{\dfrac{l_{v_i}}{k_{v_i}\left(k_{v_i}-1\right)}}{n} \tag{7.2}$$

基于式（7.2）计算得到"曲靖矿难"微博舆情转发网络的平均聚合系数为 0.02。随机网络的聚合系数是 1.301×10^{-5}。该聚合系数 0.02，大于随机网络的 1.301×10^{-5}，证明该网络不是完全随机的，具有良好的聚集性。聚合系数和网络平均路径长度是复杂网络的小世界现象的两个重要参数，通过对这两个参数进行比较可以表明用户关注网络是否具有小世界效应，符合小世界网络的基本特征。

4. 度分布

度分布是表征一个网络最基本的拓扑特征的指标，描绘的是不同度值的节点占网络节点总数的比值，也就是不同度值的节点在网络中出现的频率。对于有向网络通常因为实际含义的不同需要将入度和出度区分开来。用户关注网络中的出度指的是用户关注其他人的数量，即"关注"数量，而入度指的是其他用户关注自己的数量，即"粉丝"数量。对于同一个微博用户来说一般其出度不等于入度，特别是有些用户的粉丝数远远大于自己所关注的数量，如娱乐明星或是知名公众人物。一般情况下，按照式（7.3）计算节点度的累积度分布。

$$P_K(K>k)=\sum_{m>k}^{\infty}p(m) \qquad (7.3)$$

基于式（7.3）计算得到"曲靖矿难"微博舆情转发网络的平均度为 0.997。

7.5　灾害网络公众关注度演化影响因素分析

不同类型的灾害引起的社会关注度是不同的，既有明显的共性，又有各自的特殊性。在大数据环境下，灾害社会关注度可以通过相关灾害网络舆情进行表示。通过查阅相关参考文献（杜洪涛等，2017；刘毅，2007；朱毅华等，2013），并结合我们的研究结果，本节归纳出了以下几个影响灾害社会关注度及其演化的重要因素。

（1）灾害类型。不同类型的灾害涉及的社会矛盾不同，矛盾的强度与复杂程度也各异，因此带来了公众不同的关注程度与参与欲望。比如，对于"曲靖矿难"而言，该灾害并无明显的社会矛盾，它的消散是和灾害的妥善解决同步发生的。公众通常对于预警级别高且更为罕见的灾害事件给予更高关注。

（2）政府应对行为。在大数据环境下，网络舆情的形成过程类似于心理学中的"诱因—动机—行为"的过程，是一个"刺激—反应"的过程。政府在突发灾害危机管理的聚焦效应下的处置应对称为"强光下的应对"，处置过程中实行的政策与采取的具体措施都会影响网络舆情演化，而且一旦政府应对失误，就会导致连锁反应，还有可能形成新的舆情热点，产生次生舆情，形成多个舆情高潮，增加网络舆情的复杂程度，损害政府公信力。

（3）灾害方处理灾害的态度。灾害方处理灾害的消极态度会引起公众的不满，但是公众的舆情只能给相关方一定的压力，辅助解决问题，并不能真正解决问题，而且公众对于灾害的关注度只能持续一段时间。除了灾害利益的相关方能够对灾害的整个过程表现出比较持续的关注以外，持有同情心和作为传播者的媒体一般并不会持续地关注一个灾害。

（4）意见领袖对灾害的看法。在网络环境中，受到网民追捧的言论具有广泛的影响力。意见领袖的观点在灾害网络舆情的演化过程中发挥着重大作用，但是在网络舆情的应对过程中，也应当重视意见领袖发挥作用的两面性，一旦出现错误的引导，将会歪曲整体舆情的走向，所以应当注重充分发挥意见领袖的积极作用。

（5）媒体报道。媒体是在网络舆情发展过程中进行议题设置的重要角色。灾害发生后，媒介通过议程设置进行报道，受众接受信息，从而开始展开相关的讨论，影响着舆情的发展。

7.6　本　章　小　结

灾害公众关注度是评估灾害社会影响的重要指标，本章从灾害的时间公众关注度、地理空间公众关注度和网络空间公众关注度三个方面来刻画灾害的网络公众关注度，具体来讲包括基于 Timeline 的灾害时间公众关注度、基于 GIS 的灾害公众地理空间关注度及基于社交网络的灾害网络空间关注度。

第8章 灾害的互联网关注内容焦点分析

我们认为民众在网络上发表的评论内容一定程度上反映了民众的心理状态。为此，本章提出开展灾害的互联网关注焦点分析研究，并探索两种不同的焦点发现方法：基于主题词共现网络的关注焦点分析方法和基于 LDA 主题模型的关注焦点分析方法，并在不同的灾害实例上进行验证。

8.1 基于主题词共现网络的灾害网络舆情关注焦点分析

8.1.1 主题词共现网络构建

进行主题词抽取之前，首先过滤掉停用词和一些主题性不强的词，并将语气词、叹词、拟声词、助词、连词、介词、量词、代词定义为主题性不强的词。根据词性标注结果将这些词过滤掉。

一般情况下，如果一个主题词属于一个较热的焦点，则这个主题词的出现次数也肯定会比较多，为此以词频为依据对大量的主题词进行抽取，从而得到高频主题词。具体来讲，本章将相对词频作为主题词抽取的一个度量，计算公式如下：

$$G_i = \frac{f_i}{f_{max}} \tag{8.1}$$

其中，G_i 表示词汇 i 的相对词频；f_i 表示词汇 i 在数据中出现的次数；f_{max} 表示所有词汇出现的最高次数。

在抽取主题词时还结合了主题词的位置特征。用户在微博等平台发布相关评论时，由于字数等方面的限制，通常喜欢"直奔主题"的叙述方式，也就是越靠近评论的开头，主题词的重要性越强。为此，进行词频统计的过程中对词的位置也进行了标记，作为最后抽取中心焦点的依据之一。

在抽取了主题词之后，构建主题词共现网络。一个加权的主题词共现网络是一个无向图 WTG=（TNC,TNR），其中，TNC 表示主题词节点集合，TNC = {tnc$_1$, tnc$_2$,…, tnc$_m$}；TNR⊆（TNC×TNC）表示不同的主题词节点之间的边的集合，对于连接节点 tnc$_i$ 和 tnc$_j$ 的边 tnr$_{ij}$，tnr$_{ij}$ 的权重是 tnc$_i$ 和 tnc$_j$ 在灾害数据中的共现次数（如果两个主题词出现在同一条微博中，那么它们是共现的）。

图 8.1 是"八宝矿难"事件某一天的微博主题词共现网络（限于篇幅，只显示一部分），其中节点代表微博中的主题词，如"瓦斯""爆炸""死亡"，两个节点之间的边代表这两个节点在同一条微博中共同出现过，边的值代表共现的次数。

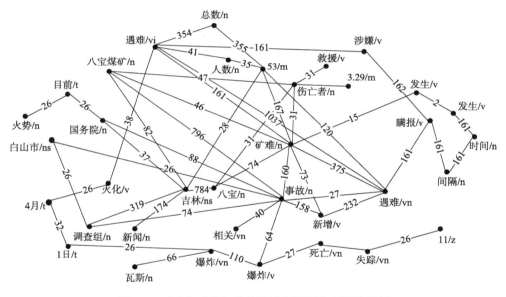

图 8.1　"八宝矿难"事件微博主题词共现网络示例

8.1.2　基于共现网络的主题词聚类

灾害事件微博主题词聚类实际上是以主题词共现网络为基础，通过一定的算法对 WTG 进行处理，使主题词形成多个没有边相连的簇称为类簇，把每个类簇看成一个关注焦点，然后根据一定规则提取类簇内的主要焦点词作为该类簇的焦点。该过程主要分为两步：网络分解和焦点提取。

首先是去掉灾害事件的根焦点，原因是灾害事件的根焦点的主题词几乎包含于每条采集到的评论之中，如果不去掉根焦点，则理想的类簇就难以形成，也因此无法达到分析灾害事件关注焦点的目的。以"北京暴雨"事件为例，"暴雨""北京"这两个词几乎在所有的评论中都有出现，如果不去掉这两个词，最后的聚类结果就是一个巨大的类簇，无法形成分开的关注焦点类簇。

为了度量主题词聚类后关注焦点的内聚度，使用面向对象的软件系统中的内聚度度量方法，灾害事件关注焦点下的主题词之间的内聚度主要指主题词之间的密切程度。为了度量这种关系，对于关注焦点内的每个主题词 $\mathrm{tnc}_i\,(i=1,2,\cdots,m)$，我们引入一个集合 T_oth 来记录主题词 tnc_i 依赖的关注焦点内其他主题词的集合：T_oth（tnc_i）={tnc_j|tnc_i 依赖于 tnc_j，且 tnc_i≠tnc_j}。令

$$D(\mathrm{tnc}_i) = \frac{\left|\mathrm{T\_oth}(\mathrm{tnc}_i)\right|}{\sum_{k=1}^{m}\left|\mathrm{T\_oth}(\mathrm{tnc}_k)\right|} \tag{8.2}$$

其中，$\left|\mathrm{T\_oth}(\mathrm{tnc}_i)\right|$ 表示 $\mathrm{T\_oth}(\mathrm{tnc}_i)$ 中元素的个数。关注焦点内主题词的内聚度定义如下：

$$\mathrm{Cohension}(\mathrm{T\_T}) = -\sum_{i=1}^{m}\frac{\left|\mathrm{T\_oth}(\mathrm{tnc}_i)\right|}{m}\times\frac{D(\mathrm{tnc}_i)\times\ln\left(D(\mathrm{tnc}_i)\right)}{\ln m} \tag{8.3}$$

且有 $0 \leqslant \mathrm{Cohension}(\mathrm{T\_T}) \leqslant 1$。

根据主题词内聚度的定义，下面给出灾害事件下关注焦点抽取的算法。

步骤 1：对 WTG 的边的权值设置一个阈值 K，对于连接主题词节点 tnc_i 和 tnc_j 的边 tnr_{ij}，若 $\mathrm{WT}(\mathrm{tnr}_{ij}) < K$，则将边删除，完成这个过程后网络就会产生一些分离的主题词节点簇，计算每个主题词节点簇的内聚度 $\mathrm{Cohension}(\mathrm{T\_T})$，并统计它内部的主题词节点的数目 NUM，若 NUM 的值太大则类簇内的焦点就太多，降低了聚类的精度；若 NUM 太小，则类簇内的词又太少，难以形成合适的焦点。所以需要为 NUM 设定一个阈值范围 $[\alpha,\beta]$。

步骤 2：若在聚类过程中出现了类簇满足 $\alpha \leqslant \mathrm{NUM} \leqslant \beta$ 并且 $\mathrm{Cohension}(\mathrm{T\_T}) \geqslant c$，其中 c 表示内聚度阈值，则将该类簇进行保存，不再参加聚类过程，并提高 K 的取值（$K=K+\mathrm{ADD}$，ADD 表示 K 值每次的增幅），继续对剩余的主题词网络进行聚类。

步骤 3：迭代地进行上述操作，使得对于每个集体类簇都满足 $\mathrm{Cohension}(\mathrm{T\_T}) \geqslant c$，则完成聚类过程，这时会输出一个类簇集合 $\mathrm{TWC} = \{\mathrm{tw}_1,\mathrm{tw}_2,\cdots,\mathrm{tw}_n\}$。这些类簇集合即代表灾害事件的关注焦点。

经过上述过程，代表关注焦点的簇已经形成，下面是如何在簇内抽取该簇的代表主题词作为该簇的主要焦点，主要依据以下几个标准。

（1）主题簇满足条件：$\alpha \leqslant \mathrm{NUM} \leqslant \beta$ 并且 $\mathrm{Cohension}(\mathrm{T\_T}) \geqslant c$ 时才对它进

行中心焦点词提取，对于不满足条件的簇的焦点定义为"其他"。

（2）使用一个主题簇中度值前 M 名的节点作为候选中心主题词，如果度值差别很小，则选用词频最大的前 M 个主题词作为本簇的中心焦点词。如果依据上面两个值还是不易抽取，则根据主题词提取阶段对主题词在微博的位置信息进行选择，位置比较靠前的作为本簇的中心焦点词。

基于主题词共现网络的灾害事件关注焦点分析方法不仅让舆情的监测更具体、更精确，改变了以往对灾害事件内容粗粒度的舆情监测的现状，而且为突发处置的相关人员提供了辅助决策的重要信息，并且该方法不使用传统的文本表示和特征提取过程，在一定程度上避免了微博的数据稀疏性问题，同时该方法由于使用简便、易于实现也提高了关注焦点挖掘的可操作性。

8.1.3　实验结果与分析

我们通过两个灾害事件"北京暴雨"和"八宝矿难"来验证基于主题词共现网络的灾害网络舆情关注焦点分析方法。

1. "北京暴雨"相关实验结果

2012 年 7 月 21 日，北京突降大雨，总体达到特大暴雨级别。一天内，市气象台连发五个预警，暴雨级别最高上升到橙色。全市平均降雨毫米数为 61 年（1951～2012 年）来最大，此次降雨导致北京受灾面积 16 000 平方千米，成灾面积 14 000 平方千米，全市受灾人口 190 万人，经济损失近百亿元。此次灾害事件引起大量网络舆论，本平台对其微博舆情进行了监测。

首先提取 7 月 21 日到 7 月 31 日共 11 天的微博数据，经过处理和过滤后可以进行实验的微博数据有 114 295 条，主题词 31 655 个，经过滤掉词频低于 1000 的主题词后剩余 447 个，然后进行停用词和词性过滤、同义词合并、未登录词处理后剩余 337 个高频主题词，构成的 WTG 中包含 337 个主题词节点和 23 645 条边（限于篇幅，不做展示）。

对"北京暴雨"事件的 WTG 聚类，经过反复的实验测试，设定 $\alpha=3$，$\beta=15$，Cohension（T_T）=0.5，ADD=100，并取 K 的初始值为 400。类簇图整理后共形成了 11 个类簇，部分类簇如图 8.2 所示。

接下来取 $M=3$，即抽取类簇中度值前 3 个词作为中心焦点词，中心焦点词的排列顺序由词频和度的值综合确定，产生的"北京暴雨"突发事件下的 11 个关注焦点如表 8.1 所示。

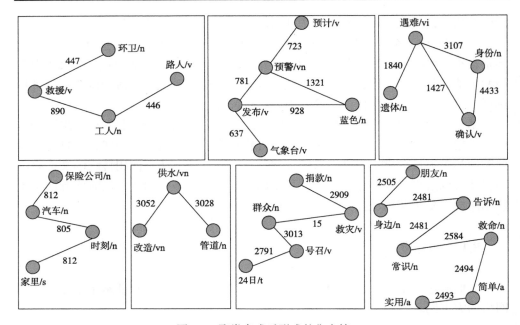

图 8.2　聚类完成后形成的焦点簇

限于篇幅，只显示其中 7 个

表 8.1　"北京暴雨"事件聚类后产生的较大的关注焦点列表

关注焦点名称	K 取值	关注焦点名称	K 取值
环卫+工人+救援	400	救命+常识+实用	2400
预警+气象台+蓝色	600	捐款+号召+救灾	2600
汽车+保险公司+家里	800	管道+改造+供水	2800
死亡+致死+溺水	1200	逃生+玻璃+车门	2800
遗体+确认+身份	1400	贷款+援助+中国	2900
地铁+瀑布+地铁站	2000		

　　通过图 8.2 展示的良好的类簇分布和表 8.1 所示的结果关注焦点可以看出，我们所使用的基于主题词共现网络的关注焦点分析方法具有良好的聚类效果。

2. "八宝矿难"相关实验结果

　　在舆情的三个高峰期（3 月 30 日、4 月 3 日、4 月 7 日）分别使用基于主题词共现网络的关注焦点分析方法对当天的舆情焦点进行挖掘构建 WTG 图，并对 WTG 图进行聚类，部分类簇如图 8.3～图 8.5 所示。

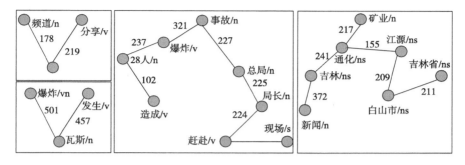

图 8.3　"八宝矿难" 3 月 30 日微博焦点分析图

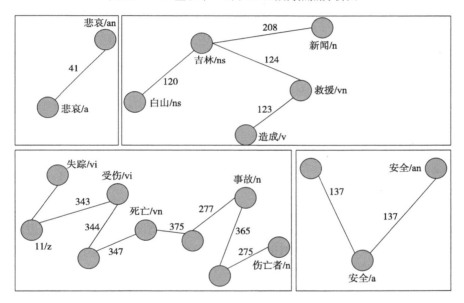

图 8.4　"八宝矿难" 4 月 3 日微博焦点分析图

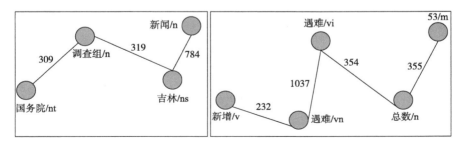

图 8.5　"八宝矿难" 4 月 7 日微博焦点分析图

从 3 月 30 日的微博关注焦点分析中可以看出，在该天发表的相关微博中，主要内容是该突发事件的时间、地点、事件的发生单位及伤亡人员信息，也就是客观信息占绝大多数。

从 4 月 3 日的微博焦点分析中可以看出，该天的关注焦点主要是伤亡者救援、安全生产等方面的焦点。这说明突发事件正在抢救人员的阶段，在这阶段人们讨论更多的是安全生产、救援等方面的关注焦点。

从 4 月 7 日的微博关注焦点分析结果图可以看出，该天的关注焦点主要集中为以下两个："遇难+新增+总数"和"调查组+八宝+国务院"。

经过对以上 3 天的关注焦点抽取结果的分析发现，在事件的发生初期，人们讨论得比较多的是灾情的严重性和突发性，而到事件中期，人们更加关注救援和伤亡人数，到事件的后期和事件结束后人们更多关注的是一些责任、政府举措等一些反思性的社会焦点。

8.2　基于 LDA 主题模型的灾害网络舆情关注焦点发现

8.2.1　LDA 概述

LDA 模型是狄利克雷分布的扩展，其全称是 latent Dirichlet allocation。LDA 模型是由 Blei 在 2003 年首次提出（Blei et al., 2003）。借助词袋模型的核心思想，LDA 模型假定语料库中的文档和文档中的词汇都是没有顺序的，即单词条件独立。LDA 模型认为，在语料库中，假设有 D 篇文档，每篇文档都可以描述为 K 个主题的混合概率组合，每篇文档的主题概率分布向量表示为 θ_d，K 由建模者自行决定。

LDA 的基础生成过程如下：先以一定概率抽取某个主题，再以一定概率抽取此主题对应的词汇，待循环遍历至文档中的所有词汇后，即可生成一篇文档，也就完成了 LDA 的文档生成过程。

LDA 的结果是一个包含 $p(z_t|d_d)$ 的 $D \times K$ 维矩阵 θ，其中 $\theta_1, \theta_2, \cdots, \theta_D$ 是 $1 \times K$ 维向量。

$$\theta = \begin{pmatrix} \theta_1 \\ \theta_2 \\ \vdots \\ \theta_D \end{pmatrix} = \begin{pmatrix} p(z_1|d_1)\,p(z_2|d_1)\cdots p(z_K|d_1) \\ p(z_1|d_2)\,p(z_2|d_2)\cdots p(z_K|d_2) \\ \vdots \quad\quad \vdots \quad\quad \vdots \\ p(z_1|d_D)\,p(z_2|d_D)\cdots p(z_K|d_D) \end{pmatrix} \tag{8.4}$$

每个主题 z_K 由大小为 V 的词汇表（所有文档中的单词集合）的概率分布确

定，$p(w_v|z_T)$ 表示以主题 T 为条件在词汇表中检查单词 v 的可能性。LDA 模型认为一篇文档是通过以下过程生成的。

（1）从泊松分布中抽取文档长度 $N \sim \text{Poisson}(\delta)$。

（2）通过 LDA 获取文档的主题分布 $\theta \sim \text{Dir}(\alpha)$。

（3）生成一篇文档中的每一个词时，for n=1 to N：①从文档的主题分布中，抽取一个特定主题 $z_n \sim \text{Multinomial}(\theta)$；②从概率 $p(w_n|z_n, \beta)$ 抽取一个单词 w_n。

LDA 本质上是一个三层贝叶斯概率生成模型，图 8.6 为 LDA 概率模型图（图中隐含结点为空心，观测结点为实心），分为三层级别，参数 α 和 β 是语料库级的参数，在生成语料库的时候采样一次。变量 θ_d 是文档级的变量，更新每篇文档时采样一次。$z_{d,n}$ 和 $w_{d,n}$ 是单词级变量，更新每个单词时采样一次。

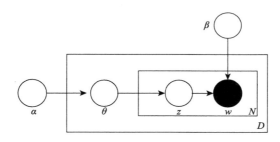

图 8.6　LDA 概率模型图

根据图 8.6，可知 $p(\theta_d|\alpha)$ 表示以 α 为条件观察文档 d 的主题分布 θ_d 的概率；$p(z_{d,n}|\theta_d)$ 表示在文档的主题分布条件概率下，文档 d 中单词 n 的主题是 $z_{d,n}$ 的概率。最终在 $z_{d,n}$ 和 β 的条件概率下，第 d 篇文档第 n 个单词的概率是 $p(w_{d,n}|z_{d,n}, \beta)$。通过计算所有可能的主题分配、文档中所有单词的乘积和文本中所有文档的乘积之和，语料库生成的概率为式（8.5）。

$$\prod_{d=1}^{D} p(\theta_d|\alpha) \left(\prod_{n=1}^{N_d} \sum_{z_{d,n}} p(z_{d,n}|\theta_d) p(w_{d,n}|z_{d,n}, \beta) \right) \tag{8.5}$$

LDA 建模的目标是找到每篇文档中每个单词的最佳主题分配，以及最大化每个主题的最佳单词概率，若直接求解需要将所有文档中所有单词的所有可能主分配相加，然而计算上无法实现，因此，LDA 的核心推理问题是确定给定文档的潜在变量的后验分布，见式（8.6）。

$$p(\theta, z|w, \alpha, \beta) = \frac{p(\theta, z, w|\alpha, \beta)}{p(w|\alpha, \beta)} \tag{8.6}$$

LDA 主题模型的主题数目确定是计算过程中的关键，主题数目会影响模型的计算结果，合适的主题数目也能防止模型过拟合。需要明确的是，在不同的文档语料中，主题数目是会发生变化的。因此，如何就这一问题给出最佳的解决办法，是当前学者在研究 LDA 时的一个关键问题。目前，学者共总结出三种方法来确立合适的主题数目。

（1）在常见的自然语言模型中，困惑度是衡量模型质量的一个常用标准。它的一大突出作用就是能够测算语言模型泛化未知数据的能力。Blei 在其研究中首次采用困惑度标准来对 LDA 的模型质量进行度量，并通过实验证明模型的困惑度与模型的泛化能力有着极为密切的关系，得到了困惑度越小则拥有的泛化能力越高的重要结论。因此，在主题模型研究中一般取困惑度最小时的主题数目作为模型的最佳主题数目。

（2）Griffiths 和 Steyvers（2004）采用贝叶斯方法计算模型在不同主题数目下的似然函数 $p(w|T)$ 的值，根据计算结果，当似然函数的值达到最大时，此时所对应的主题数目就是最佳主题数目。式（8.7）为 $p(w|T)$ 的计算公式。

$$p(w|T) = \frac{1}{\dfrac{1}{M}\displaystyle\sum_{m=1}^{M}\dfrac{1}{P(w|z^{(m)})}} \tag{8.7}$$

（3）除上述介绍的两种方法，非参数主题模型也能够用来确定主题数目，它是一种典型的与参数无关的主题模型。在计算过程中，模型可根据对数据的观察结果而进行实时更新，不需要人为地指定参数。HDP（hierarchical Dirichlet processes，层次狄利克雷过程）就是此类模型的一个突出代表，它的核心思想与困惑度方法类似，但是这种方法的算法复杂度高，计算耗时较长，因此适用性不强（Teh et al.，2005）。

8.2.2 "曲靖矿难"关注焦点发现

为了挖掘"曲靖矿难"中民众关注焦点，并分析关注焦点的动态演化过程，本节进行了以下几个处理。

（1）对微博舆情信息按发布时间进行分组，结合图 7.1 所体现的关注度的变化情况，基于时间将相关舆情信息划分为六个组，如表 8.2 所示。

表 8.2　"曲靖矿难"时区划分

分组	时区
第一组	2014 年 4 月 7 日
第二组	2014 年 4 月 8 日
第三组	2014 年 4 月 9 日
第四组	2014 年 4 月 10 日
第五组	2014 年 4 月 11 日至 4 月 30 日
第六组	2014 年 5 月 1 日至 6 月 1 日

（2）挖掘每一组网络舆情信息中的主题。采用 LDA 主题挖掘模型，其中主题数（n_topic）设置为 5，迭代次数（iterations）设置为 500，调用 Python 环境下的 LDA 主题模型进行模拟训练，每个主题内的主题词根据其概率大小和日期排序，"曲靖矿难"部分核心主题词如表 8.3 所示。

表 8.3　"曲靖矿难"LDA 模型核心主题词识别结果

日期	主题	核心主题词
2014 年 4 月 7 日	1	"曲靖市""人员""救援""矿井""平安"
	2	"矿工""事故""煤矿""市政府""报告"
2014 年 4 月 8 日	1	"云南""曲靖市""事故""救援""东山镇"
	2	"救助""事故""平安""安全""应急"
2014 年 4 月 9 日	1	"云南""煤矿""井下""人员""准时"
	2	"曲靖市""祝福""曲靖市""事故""话题"
2014 年 4 月 10 日	1	"曲靖市""事故""遇难""人员""人数"
	2	"煤矿""生命""干部""加紧""全力"
2014 年 4 月 11 日至 4 月 30 日	1	"云南""遇难""推进""分析""矿工"
	2	"井下""事故""引起""分析""出水"
2014 年 5 月 1 日至 6 月 1 日	1	"煤矿""压力""采购""导致""生产"
	2	"省内""同比""持续""焦炭""停产短期"

（3）将高频词（核心主题词）以标签云（tag cloud）的形式进行了可视化展示，结果如图 8.7 所示。标签云也称为文字云，是关键词的视觉化描述，用于汇总用户生成的标签或者一个网站的文字内容。标签一般是独立的词汇，常常按字母顺序排列，其重要程度又能通过改变字体大小或颜色来表示。

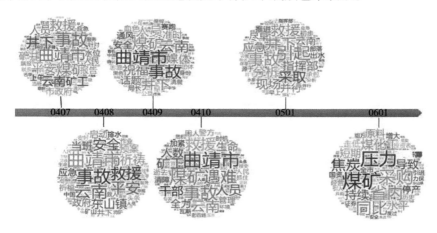

图 8.7　"曲靖矿难"网络舆情关注主题动态演化图

从表 8.3 所示的核心主题词表及图 8.7 所示的高频词标签云图可以看出，事件发生初始人们更加关注事件本身，如事件发生地、事件类型，而随着事件的发酵，对遇难人员、救援及事件原因的关注度开始上升，随着时间的逐步推移，事件的影响力直线下降，人们的关注点发生改变，基本不再关注该事件。

8.2.3　"利奇马台风"关注焦点发现

本节爬取了 2019 年 8 月 4 日至 8 月 21 日新浪微博网站上用户关于"利奇马台风"的评论及相关微博内容，最终整理了 248 554 条评论文本。首先对爬取数据进行统计，分析微博内容及转发数与时间的关系，最终将"利奇马台风"相关的网络舆情数据分为七个组，即七个时区，具体如表 8.4 所示。

表 8.4　"利奇马台风"时区划分

分组	时区
第一组	2019 年 8 月 4 日至 8 月 8 日
第二组	2019 年 8 月 9 日
第三组	2019 年 8 月 10 日
第四组	2019 年 8 月 11 日
第五组	2019 年 8 月 12 日
第六组	2019 年 8 月 13 日
第七组	2019 年 8 月 14 日至 8 月 21 日

其次同样采用 LDA 模型挖掘每个组的主题，并将主题数设置为 5，迭代次数设置为 500，调用 Python 环境下的 LDA 主题模型进行模拟训练，每个主题内的主题词根据其概率大小和日期排序，"利奇马台风"部分核心主题词如表 8.5 所示。

表 8.5　"利奇马台风"LDA 模型核心主题词识别结果

日期	主题	核心主题词
2019 年 8 月 4 日至 8 月 8 日	1	"浙江""级""强台风""利奇马""登陆"
	2	"台风""利奇马""应急""响应""启动"
2019 年 8 月 9 日	1	"转移""工作""台风利奇马""应急""全市"
	2	"台风利奇马""青岛""前""南京""路"
2019 年 8 月 10 日	1	"转发""微博""滑坡""山体""积水"
	2	"公益""影响""停运""群众""抢修"
2019 年 8 月 11 日	1	"失联""死""浙江""3""消防员"
	2	"平安""愿""台风利奇马""希望""注意安全"

续表

日期	主题	核心主题词
2019 年 8 月 12 日	1	"提供""民众""爱心""输出""台风"
	2	"山东""洪水""台风利奇马""11""消防员"
2019 年 8 月 13 日	1	"利奇马""台风""毫米""影响""减弱"
	2	"利奇马""抗击""最美""主动""子弟兵"
2019 年 8 月 14 日至 8 月 21 日	1	"生产""指导""恢复""抢修""技术"
	2	"灾后""受灾""救灾""重建""红包"

最后对"利奇马台风"事件中的主题信息进行了可视化，如图 8.8 所示。通过图 8.8 分析发现台风灾害主要分为三大部分：2019 年 8 月 4 日至 8 月 9 日，前期的台风灾害预警等；2019 年 8 月 10 日至 8 月 12 日，中期阶段的台风灾害信息发布和台风灾害救援；2019 年 8 月 13 日以后，后期的台风灾害的恢复和捐助等信息。

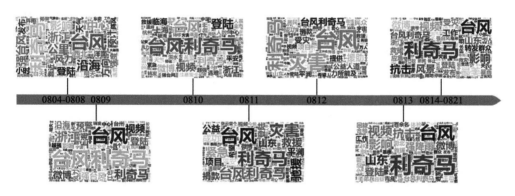

图 8.8　"利奇马台风"事件网络舆情关注主题动态演化图

8.3　本章小结

关于某一次灾害，民众在网络上发布的评论会涉及多个内容，准确发现民众讨论中关注的焦点可以更好地进行网络舆情引导，为此本章主要围绕着民众灾害关注焦点挖掘展开研究。本章提出并实现了两种不同的关注焦点挖掘方法，分别为基于主题词共现网络的关注焦点分析方法和基于 LDA 主题模型的关注焦点挖掘方法，并在不同的灾害实例中进行了验证。

第 9 章　灾害的社会心理影响分析

　　灾害给人们带来的不仅是经济、物质上的损失，更多的是人们精神健康、心理健康的损害。面对重大灾害，人们的第一心理反应是恐惧、焦虑和紧张，这是人的应激状态。灾害发生后，如果人们的精神状态得不到及时的调节和平衡，在以后的工作和生活中，将难以应付各种压力，表现出逃避、抑郁、浮躁等不良行为，有的还会形成严重的心理问题，即心理应激障碍。目前，灾害给人们带来的心理影响问题逐渐引起了学术界和社会的关注，而灾后群众心理健康的总体水平，也逐渐成了评价政府应对灾害能力的重要内容。

　　灾害社会心理影响分析作为灾害社会影响的重要指标之一已经引起了越来越多的研究者的关注，但目前的研究中大多只是提出了相应的指标，或者只是进行了定性分析，对社会心理影响进行定量分析的研究比较欠缺。为此，提出引入自然语言处理研究中的情感分类技术，从获取的关于灾害的网络舆情数据中，基于情感分类技术来挖掘灾害网络舆情数据中包含的情感信息，用于刻画灾害群众的心理健康水平，为灾害的社会影响分析提供了量化的新视角。

9.1　灾害社会心理影响研究概述

　　灾害的巨大破坏性不仅表现在物质方面的经济损失，而且表现在对社会秩序和人民生命安全的威胁，尤其重要的是它能给人们的心理带来强烈和显著的影响。特别是身临其境的受灾者，当灾害过后，强烈的惊吓和悲痛刺激会使其处于一种非正常的心理状态，如果不及时治疗，容易产生灾后综合征，对生活工作造成严重影响。即使没有亲身经历过灾害的人，看到身边的亲人和朋友受伤或去世，也会在心理上产生恐慌、不安全感，甚至带来持久的精神创伤。而相关研究表明，有 50%～70%的人一生中可能遭遇创伤性事件（Ursano et al., 2009），所以灾后群众心理精神卫生问题是一个需要特别关注的重要问题，受到了越来越多学术界和社会的关注。

具体来讲，灾害心理是一种在灾害条件下的心理现象，它是灾害发生之后人的生存环境的变异及身心创伤的经历和心理行为异常的反映（董惠娟等，2007）。灾害给人们带来的精神和心理问题主要有"特定精神障碍""非特定悲伤反应""长期慢性的生计相关问题"等六种（Norris et al.，2002）。

国外在灾害心理方面的研究进展较快。芝加哥大学国立舆论研究中心对受灾者的个体反应、群体反应和心理卫生进行了详细研究（谢建东，2010）。科罗拉多大学行为科学研究所对灾害社会保险、社区反应、适应策略和预警系统等问题进行了研究。美国的相关研究也比较完善，尤其是"9·11"事件之后，美国出台了灾后心理影响评估计划，对预防和治疗灾害性事件引发的精神疾病起到了重要的作用，多个组织参与到灾害心理的研究中，目前美国关于灾害心理的研究范围已经从自然灾害发展到人为灾害、从灾后救援发展到灾前预防。日本的安倍北夫通过在灾害过程中的相关问题研究，出版了《灾害社会心理概论》《适应灾害的行为》等专著。

近年来，我国研究者也开始关注灾害的社会影响，其中包括了灾害心理分析。童庆杰等（2004）指出灾害中人的行为特性同心理特性密切相关。董惠娟等（2007）把地震灾害心理解析成九个方面。张舒等（2010）将灾害对个体产生的心理影响大致分为以下四个方面，如表 9.1 所示。姜连瑞（2011）研究指出心理因素对于遇险人员在灾害脱险过程中具有重要作用，建议救援人员在救援过程中对受灾人员进行心理干预。米慧（2011）提出了"事故心理三重控制"理论控制步骤，分别为：顶端控制、过程控制和末端控制。

表 9.1　灾害事故对个体产生的影响

影响	表现
生理方面	失眠、做噩梦、容易疲倦、呼吸困难、窒息感、发抖、消化不良等
认知方面	否认、自责、罪恶感、自怜、不幸感、无能为力感、不信任他人感等
心理方面	悲观、愤怒、紧张、麻木、害怕、恐惧、焦虑等
行为方面	注意力不集中、逃避、骂人、喜欢独处、常想起受灾情形、过度依赖他人等

9.2　基于情感分类技术的灾害心理影响分析

关于灾害心理学目前常用的研究方法有案例法、调查法、观察法、文献法、模拟法等，同时大多是关于概念界定、干预机制等方面的研究。通过现有的这些研究方法来发现灾害造成的心理影响存在一定的滞后，而且不便于发现受灾群众的真实感受。

目前，微博、微信、电子公告板（bulletin board system，BBS）等 Web2.0 技术的快速发展，为民众发表灾害相关意见、观点、看法提供了很好的平台，相比于传统的调查问卷等形式获取的数据，这些社交平台上的数据为准确刻画灾害社会心理影响提供了基础的数据资源，为实现灾害社会心理影响的量化提供了可能性。基于此，提出基于对灾害大数据的挖掘分析，检测数据中能反映灾害心理的内容，准确刻画灾后群众的心理健康状况，为灾害社会影响评估提供一个新的可量化的指标。

基于情感分类技术的灾害心理影响分析方法主要分析和灾害社会影响相关的网络舆情所蕴含的情感倾向性（赵妍妍等，2010），即自动判定相关网络舆情是褒义、贬义还是中立的，通过网络舆情中反映的情感倾向来刻画民众的心理状态，分析灾害对民众造成的心理影响，这是灾害社会影响评估非常重要的一个维度。

文本情感分类是自然语言处理领域中一个非常活跃的研究分支，自 2002 年由学者提出后（Pang et al.，2002），受到了学术界极大的关注。通过情感分类，可以识别情感主体表达的情感倾向，并基于情感倾向可以完成如舆情分析、精准营销等研究和应用。按照情感分类对象的粒度，情感分类任务可分为词语级情感分类、句子级情感分类和篇章级情感分类。而按照情感类别的粒度，情感分类一般可以有二元情感极性分类（正面、负面）、三元情感极性分类（正面、中性和负面）及更细粒度的情感分类。目前，情感分类并没有统一的类别标准。而常用的情感分类方法可以分为基于情感词典的方法、基于机器学习的方法和基于深度学习的方法（武姗姗，2020），下面将对文本情感分类技术的进展进行阐述。

9.2.1　基于情感词典的文本情感分类方法

基于情感词典的文本情感分类方法的重点在于情感词典的构建和分类规则的制定。情感词典中的情感词一般包含了正面情感词和负面情感词两类，最简单的分类规则是统计文本中的正面情感词个数和负面情感词个数，如果正面情感词个数大于负面情感词个数，那么该文本的情感极性为正面情感；如果正面情感词个数小于负面情感词个数，则该文本的情感极性为负面情感；若两者相等，则该文本的情感极性是中立情感。

国内外很多学者开展了基于情感词典的情感分类方法研究。Subasic 和 Huettner（2000）开展了词语级情感分类研究，并利用手工建立的情感词典判定词语的情感类别。Turney（2002）也开展了词语情感分类研究，具体方法是首先选定一些具有明显情感倾向的褒义种子词和贬义种子词，然后分别计算待评价词语与褒义种子词和贬义种子词的语义相似度，两个语义相似度的差作为待评价词的情感语义倾向值。Kennedy 和 Inkpen（2006）则认为，除了要考虑文本中情感词的数量以外，还必须考虑每个情感词的上下文极性转变因子（contextual valence shifter，CVS），即否定词、程度副词等，因为否定词会反转情感词的情感极性，程度副词会加强或削弱情感词的语气强度。Fiaidhi 等（2012）在对文本进行情感分类研究时使用了两种情感词典，同时使用了三种计分方式，分别是正负面情感词数量之差、TF-IDF 和 LDA。

国内也有很多优秀的研究成果，徐琳宏等（2008）构建了一个情感识别语义资源——中文情感词汇本体库。娄德成和姚天昉（2006）提出了一种能确定单词的情感极性的方法，具体思路是将单词的上下文语义信息和领域知识结合在一起，并在中文评论文本上做了实验，取得了不错的实验结果。陈晓东（2012）运用点互信息（pointwise mutual information，PMI）算法，构建了一个面向中文微博的情感词典，并考虑了微博中的否定词、程度副词、感叹句、反问句和表情符号。冯时等（2013）通过标注修饰词的强度，在 HowNet 词典的基础上完善了中文的情感极性词典。

基于情感词典的情感分类方法不需要人工标注数据集，易于理解，易于实现。但是此方法过度依赖于情感词典的质量，而且人工制定的判断规则也不能处理所有出现的情况，如微博文本包含很多的口语化词语和网络流行语等。

9.2.2　基于机器学习的文本情感分类方法

基于机器学习的文本情感分类方法主要思路是：先利用文本数据训练机器学习模型，然后将训练好的模型应用到文本情感分类任务中。相比于基于情感词典的情感分类方法，基于机器学习的分类方法能很好地提取文本的上下文信息和结构信息，从而得到不错的分类结果。

Pang 等（2002）利用机器学习算法将电影评论分成两类，分别是积极和消极，所用的机器学习算法有朴素贝叶斯、支持向量机（support vector machine，SVM）和最大熵等，并通过实验验证了 SVM 的分类效果最好。Ye 等（2009）结合 N 元（N-gram）模型和 SVM 算法，在评论文本上进行了分类实验，表明 N-gram-SVM 模型可以明显地提高文本分类准确率。昝红英等（2010）结合了情感词典方法和机器学习算法，通过 SVM 算法来研究特征选择对情感分类实验结果的影响。徐军等（2007）采用朴素贝叶斯算法和最大熵算法来训练文本情感分类模型，实验结果验证了机器学习算法在文本情感分类中有着独特的优势。王丙坤等（2015）提出了一种基于无监督的情感分类方法，通过多粒度计算方法和多准则融合方法来提升情感分类器的性能，并在多个中文情感分类数据集上做了实验，实验结果证明了该方法的有效性。谢丽星等（2012）提出了一种基于 SVM 的层次结构的多策略情感分类方法和一步三分法、二步分类法两种策略，利用了微博文本中的链接、表情、情感词、情感短语、首尾句情感极性等特征。刘志明和刘鲁（2012）使用 3 种机器学习算法、3 种特征选择算法和 3 种特征项权重计算方法分别对微博文本进行情感分类研究，实验证明采用 SVM 模型、信息增益法和 TFIDF 算法三者结合的分类方法对微博进行情感分类的效果较好。

与基于情感词典的分类方法相比，基于机器学习的分类方法取得了更好的效果，但其仍存在缺点，需要进行大量的特征工程。互联网文本信息量巨大，人工提取特征变得不可行，这也就决定了在自然语言处理领域，经典机器学习算法难以继续有突破性的进展，因此，基于深度学习的方法引起了研究学者的重点关注。

9.2.3 基于深度学习的文本情感分类方法

在文本情感分类中，应用深度神经网络可以自动获取文本特征解决分类问题，有效地避免了复杂的人工特征工程。在训练阶段，通过正向传播算法、反向修正算法等多种算法调整权值，可使测试文本能够根据调整后的权值准确地学习，从而得到多个不同的神经网络模型，然后将一篇未知类别的文本依次通过这些神经网络模型得到不同的输出值，并通过比较最终确定文本的类别。

现有很多成熟的应用于情感分类的模型（王芝辉和王晓东，2020），如基于分层注意力网络模型的 HAN（Yang et al.，2016），基于卷积神经网络的 TextCNN（Kim，2014）、DCNN（Kalchbrenner et al.，2014）、MVCNN（Yin and Schütze，2016），基于递归神经网络的 Tree-LSTM（Tai et al.，2015），密集连接的双向 LSTM 模型（Ding et al.，2018），基于 CNN 和 LSTM 结合的 C-LSTM（Zhou et al.，2015）、RCNN（Lai et al.，2015）等。

近年来提出的大规模预训练语言模型应用于情感分类研究则更好地针对多分类、多标签及复杂场景提出了解决方案。主要有两种思路（常城扬等，2020），一是在现有预训练语言模型上进行微调训练，这种方法适用于数据集较小问题。第二种则是通过大规模相关领域语料直接训练特定目标域的预训练模型。这种方式性能效果提升大，模型对于特定目标域中的各种自然语言任务都能有较好的表现，但是所需硬件资源要求高，数据量要求大。

本章采用基于情感词典的方法，可以实现无须训练、对于输入的网络文本的情感倾向性即时计算的效果。为弥补基于情感词典的情感分类方法在未登录词识别方面的缺陷，先对情感词典的自动扩充方法进行了研究，继而实现了基于扩充后的情感词典的情感分类方法。

9.3　情感词典自动扩充方法

由于 Hownet 情感词典中的情感词是有限的，它不能完全地覆盖所有的情感词，再加上当前的网络流行语比较多，所以有必要对情感词典中未能涵盖的情感词及其语义倾向性进行识别，这样才能保证情感分析的准确性。

要实现情感词典的自动扩充，需要分两步完成。

（1）识别可能的情感词。

（2）判断识别的情感词的情感倾向性。

对于情感词的识别，提出了两种识别方法，分别为基于语言学现象的情感词识别方法和基于碎片统计的情感词识别方法。在识别了情感词的基础上，本书基于 Hownet 语义计算情感词的情感倾向性。

9.3.1　基于语言学现象的情感词识别方法

通过对网络舆情信息进行分析，发现这样一种语言现象：一般来讲，程度副词修饰形容词，而形容词具有情感倾向性。根据这一现象，本节制定了下面的规则来识别网络舆情信息中可能的情感词。

（1）将舆情信息进行分词、词性标注。

（2）找出舆情信息中的所有程度副词，记录其位置信息。

（3）以程度副词为基准，后查找一个词，并判断其词性，如果该词为形容词，则去检索已有情感词典，如果该词不存在于情感词典中，则将该词标记为可能的情感词。

值得说明的是，以上的规则不能将所有的情感词都能找到，因为网络舆情信息中各种语言搭配现象层出不穷，但是实验证明该识别方法可以获得较好的准确率。

9.3.2　基于碎片统计的情感词识别方法

在网络舆情信息分析的过程中，我们发现有一些网络新词由于没有被词典收录，一般被切分成了分词碎片，即一个完整的网络用语被分成两个或两个以上的汉字。为了获取这部分词语中包含的情感词，本节提出基于分词碎片统计的情感词识别方法。在介绍本方法之前，首先引入 Zipf 法则。

Zipf 法则：如果把一篇较长文章中每个关键词出现的频次进行统计，按照高频词在前、低频词在后的顺序递减排列，并给这些词编上序号，即频次最高的词序号为 1，频次次之的词序号为 2,…,频次最小的词序号为 N。若用 f 表示频次，r 表示序号，则有 $f \cdot r = C$（C 为常数)。

由 Zipf 法则可以得出：一篇文章中出现频率最高的关键词仅限于排名靠前的一小部分关键词。

为此，对于大规模的语料要统计该语料内的未登录网络常用词，不需要对整个语料从头到尾统计一遍，这是因为对于大量的文档，从中拿出数量足够大的一部分进行统计所得到的常用词数量应该和全文统计相差无几。在部分文档中进行统计得到网络常用词，而在全部文档中统计网络常用词出现的词频，这样省去了在另外一部分文档中的重复统计，节省了大量的统计时间。可以按照如下的思路统计识别未登录网络关键词。

（1）抓取大量不同领域的网络文本语料，对语料进行分词处理。

（2）在整个语料的基础上统计分词词典未收录的潜在网络关键词及其词频，得到潜在的网络关键词表。

（3）对各领域的潜在网络关键词表分别进行筛选，去除噪声数据，得到各领域语料对应的网络常用词表。

（4）对各领域的网络常用词表进行统计并人工标注，得到各领域的网络情感词表。

（5）对各领域的网络情感词表进行类别间统计得到通用网络情感词典。

（6）将通用网络情感词典和 HowNet 情感词典共同存储起来充实基础情感词典。

具体的流程图，如图 9.1 所示。

下面将对识别过程中的细节进行描述。通过网络舆情信息的分析发现，对于未登录词，由于词典中没有收录，所以这些网络关键词（未登录词）一般被切分为了分词碎片，即一个完整的网络用语被分成两个或两个以上的汉字。由于网络关键词大部分被分词程序分成了单个的汉字，本文借鉴 N-Gram 方法的思想，对于一段文本中的连续单个汉字按照 N-Gram 策略进行统计筛选，识别出分词词典中没有收录的网络关键词。具体过程如下。

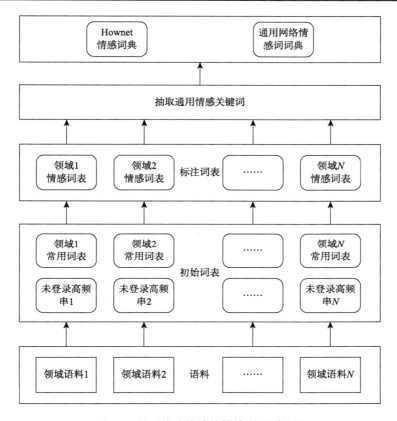

图 9.1　基于碎片统计的情感词识别流程

（1）　　　利用正则表达式"（（）+./（\\w+））+"匹配出单字字符串 str；

（2）　　　for（int i=0；i<str.length；i++）

（3）　　　　　text="";

（4）　　　　　for（int j=i；j<str.length；j++）{

（5）　　　　　if（str[j]不为空）{

（6）　　　　　　text+=str[j]；

（7）　　　　　　if(text 包含不易构成关键词的单字词性){ //nothinig to do here! }

（8）　　　　　　else{在语料库中统计 text 文本段出现的次数,并存入数据表中。}

（9）　　　　　}//if

（10）　　　}//for

（11）　　}//for

为了便于读者能更好地理解该算法，图 9.2 给出了一个基于碎片统计识别未
登录网络关键词的示例，其中加的方框中的词是识别出的未登录网络关键词。

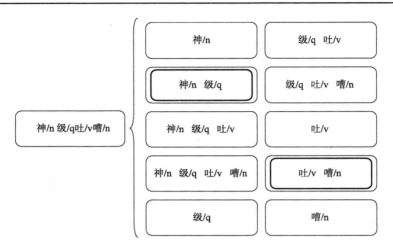

图 9.2　未登录网络关键词识别示意图

在对分词碎片进行词频共现统计时，为了提高效率，根据词性去除了一部分极少能构成网络关键词的汉字。实验过程中，采用中国科学院计算技术研究所研制的汉语词法分析系统（Institute of Computing Technology，Chinese Lexical Analysis System，ICTCLAS）的词性标注规则，具体如表 9.2 所示，其中下划线标识的词性是选择去除的词性。

表 9.2　中国科学院词性标注规则

词性标注	意义	词性标注	意义
/ag	形容词性语素	/ns	地名
/a	形容词	/nt	机构名
/ad	复形词，直接做状语的形容词	/nz	其他专名
/an	名形词，具有名词功能的形容词	/o	拟声词
/b	区别词	/p	介词
/c	连词	/q	量词
/dg	副词性语素	/r	代词
/d	副词	/s	处所词
/e	叹词	/tg	时间词性语素
/f	方位词	/t	时间词
/h	前接成分	/u	助词
/i	成语	/vg	动词性语素
/j	简称略语	/v	动词
/k	后接成分	/vd	直接做状语的动词
/l	习用语	/vn	名动词
/m	数词	/w	标点
/ng	名词性语素	/x	非语素字

续表

词性标注	意义	词性标注	意义
/n	名词	/y	语气词
/nr	人名	/z	状态词

通过该算法对领域语料中足够大的子集进行高频串统计，得到了各领域未登录高频词串集合，对该集合进行人工筛选去除垃圾串，便可以得到各领域的网络常用词集合。网络常用词中包含很多没有情感倾向性的网络关键词，接下来对各领域网络常用词进行人工情感倾向性标注，选取各领域中带有情感倾向性的关键词作为领域网络情感词。

在得到各领域网络情感词集合之后，从抓取到的各个领域的所有语料中选择至少在两个领域的语料中出现的网络情感词作为通用网络情感词，经统计最终得到 65 个通用网络情感词。

9.3.3　基于 Hownet 语义计算的情感词倾向性判定方法

在得到了网络情感词之后，可以采用基于 Hownet 语义计算方法来判定这些情感词的情感倾向。Hownet 语义相似度的计算功能是根据刘群和李素建（2002）提出的词汇语义相似度计算程序，实现义原之间语义相似度的计算。通过输入两个词语并分别选取确切的义原，即可得到相似度。对于两个汉语词语 W_1 和 W_2，如果 W_1 有 n 个义原 $S_{11}, S_{12}, \cdots, S_{1n}$，$W_2$ 有 m 个义原 $S_{21}, S_{22}, \cdots, S_{2m}$，那么两个词语 W_1 和 W_2 之间的相似度为各个义原的相似度的最大值［式（9.1）所示］，而义原之间的相似度则通过它们在义原层次体系中的路径长度来计算［式（9.2）所示］。

$$\text{Similarity}(W_1, W_2) = \max_{i=1,2,\cdots,n; j=1,2,\cdots,m} \text{Sim}(S_{1i}, S_{2j}) \tag{9.1}$$

$$\text{Sim}(S_{1i}, S_{2j}) = \frac{a}{d-a} \tag{9.2}$$

其中，d 表示 S_{1i} 和 S_{2j} 两个义原在义原层次体系中的路径长度，是一个正整数；a 表示一个可调节的参数。

基于 Hownet 的词语语义倾向性计算方法原理如下。先在 Hownet 中选取 40 对基准词，这些词分别包含了 40 个褒义词和 40 个贬义词。基准词，在这里是指褒贬态度非常明显、强烈，具有代表性的词语。与褒义基准词联系越紧密，则词语的褒义倾向性越强烈，而与贬义基准词联系越紧密，则词语贬义倾向性越明显。选中 40 对基准词以后，采用如下方法来计算某个词语的倾向性。假设褒义基准词表示为 key_p，贬义基准词表示为 key_n，单词 w 的语义倾向值用 Orientation(w) 表示，以 0 作为默认阈值，最终倾向值大于阈值为褒义，小于阈值为贬义。

$$\text{Orientation}(w) = \sum_{i=1}^{40} \text{Similarity}(\text{key\_p}_i, w) - \sum_{j=1}^{40} \text{Similarity}(\text{key\_n}_j, w) \qquad （9.3）$$

9.4　基于情感词典的情感分类方法

在基于情感词典的情感分类方法实现过程中，采用了两种不同的处理方法。本节将详细介绍两种处理方法的流程（图 9.3），并从流程步骤上对比两种方法在网络文本情感分类上的优缺点。

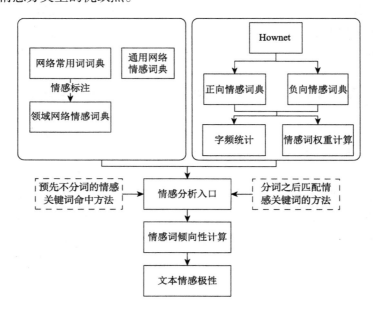

图 9.3　网络文本情感倾向性计算流程

采用的两种不同处理方法如图 9.3 的虚线框所示。第一种方法是，预先不进行分词处理，采用搜索引擎的字符串命中方法来匹配情感词典中的情感关键词，并计算对应的情感倾向性权重；第二种方法是，先对网络文本进行分词处理，然后对分词的结果进行情感关键词识别并计算情感关键词的情感倾向性权重。已有的大部分工作都采用第二种方法。

关于最终文本的情感倾向性计算，采用的方法是计算各情感词权重然后加权平均，这样每个文本的情感倾向权值都处于[-1，1]之间，便于量化比较。具体公式如下：

$$S_p = \frac{1}{n} \times \sum_{j=1}^{n} S_{W_j} \qquad （9.4）$$

其中，S_p 和 S_{W_j} 分别表示文本 p 和情感词 W_j 的情感倾向性；n 表示文本 p 中包含的情感词的个数。

下面将详细介绍所采用的两种不同的处理方法。

9.4.1　预先不分词的情感关键词命中方法

对于第一种方法，预先不进行分词处理，而使用类似于搜索引擎的关键词命中策略来识别网络文本中的情感关键词。此方法不关心网络文本中情感关键词之外的其他关键词，利用规模相对较小的情感词典对网络文本进行匹配，效率较高。然而后期的处理，包括同一位置最大情感词串识别、否定词识别等会较为复杂。具体如图 9.4 所示。

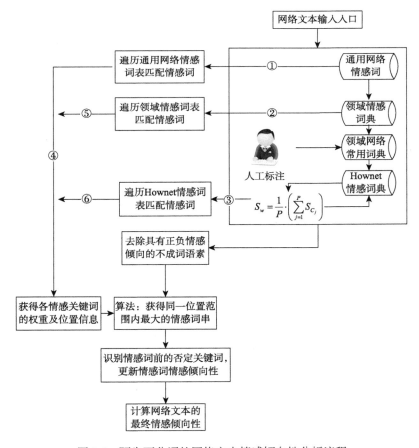

图 9.4　预先不分词的网络文本情感倾向性分析流程

下面将对图 9.4 所示流程中的关键处理步骤进行详细描述。

1. 去除具有正负情感倾向的不成词语素

将 Hownet 中标注为"desired|良"的所有关键词作为正向情感词，将 Hownet 中标注为"undesired|莠"的所有关键词作为负向情感词。实验发现，很多单字在某些情感词中会有正向或负向的情感倾向，而这些单字有些能单独成词（成词语素），有些不能单独成词（不成词语素），这给网络文本的情感倾向性分析带来混乱，例 9.1 展示了这种情况。

例 9.1：

> 请输入待检测短文本：英国伦敦奥运会办的很不好啊，各种舞弊行为，
> 各种失误，让人啼笑皆非。
> 【英】（1.0）国伦【敦】（1.0）【奥】（0.0500381001）运【会】（0.2475606054）办的很不【好】
> （0.6041909456）啊，各种舞【弊】（-1.0）【行】（0.2063028961）为，
> 各种【失误】（-0.6320513451），让人啼笑皆【非】（-0.4825168989）。
> Ultimate tendency score: 0.9935243032000001（Positive）

从上面的结果不难看出存在的问题，例 9.1 中的单字"英""敦""奥""会""行"都是 Hownet 中被标注为"desired|良"的正向语素，具体标注如表 9.3 所示。但是它们有的可单独成词有的不可单独成词（如敦厚、行家等）。

表 9.3　Hownet 标注展示

关键词	Hownet 标注
英	human|人，able|能，desired|良
敦	aValue|属性值，behavior|举止，sincere|诚，desired|良
奥	aValue|属性值，content|内容，difficult|难，undesired|莠
会	aValue|属性值，ability|能力，able|能，desired|良
行	aValue|属性值，ability|能力，able|能，desired|良
	aValue|属性值，circumstances|境况，flourishing|兴，desired|良

可以将所有不能单独成词的单字从 Hownet 情感词典中去掉，来改善网络文本情感计算的整体效果，改善之后的情感分析效果如例 9.2 所示。

例 9.2：

请输入待检测短文本：英国伦敦奥运会办的很不好啊，各种舞弊行为，各种失误，让人啼笑皆非。
英国伦敦奥运【会】（0.2475606054）办的很不【好】（0.6041909456）啊，各种舞【弊】（−1.0)行为，各种【失误】（−0.6320513451)，让人啼笑皆【非】（−0.4825168989）。
Ultimate tendency score:−0.25256334（Negative）

2. 获得同一位置范围内最大的情感词串

对于某些情感关键词，如果它的子串也是一个具有情感倾向性的关键词，当这种词出现时可能会造成识别的错误，如例 9.3 所示。

例 9.3：

请输入待检测短文本：请收起你肮脏的话语。
请收起你【肮【脏】（−0.7572091384）】（−0.8786045692）的话语。
Ultimate tendency score: −0.8179069 （Negative）

"肮脏"和"脏"都作为情感词存储于负向情感词表中，按照字母顺序，首先会匹配到"肮脏"，标注之后成为"【肮脏】（−0.8786045692）"，然后匹配到"脏"标注之后为"【肮【脏】（−0.7572091384）】（−0.8786045692）"。这种情况导致文本的情感倾向性计算不准确，需要将这些情感词子集的影响消除。但是处于不同位置的情感子串需要不同的处理方式，所以不能忽略位置信息的差异而将整个短文本中所有的情感关键词子集一并去除，如例 9.4 所示。

例 9.4：

请输入待检测短文本：请收起你肮脏的话语,它如同你的衣服一样脏。
请收起你【肮【脏】（−0.7572091384）】（−0.8786045692）的话语，它如同你的衣服一样【脏】（−0.7572091384）。
Ultimate tendency score: −0.7976743 （Negative）

在原文本中的情感子串"脏"（第 5 个字）和原文本中的情感关键词"脏"（第 19 个字）应该区别处理，忽略第一个的情感倾向性标注而保留第二个。为解决这个问题，对于两个关键词 keyword$_i$ 和 keyword$_j$，首先判断这两个关键词是否存在情感子串关系；如果 keyword$_j$ 是 keyword$_i$ 的情感子串，那么将 keyword$_j$ 去除。判定两个字符串是否为存在情感子串关系的方法如下。

如果情感词 keyword$_i$ 的位置信息 location$_i$ 为 a 且 keyword$_i$ 的长度为 l_i，则 keyword$_i$ 的位置范围为 $[a, a+l_i] = [a, b]$；如果情感词 keyword$_j$ 的位置范围为 $[c, c+l_j] = [c, d]$，并且 a, b, c, d 满足 $a \leqslant c \leqslant d \leqslant b$，则 keyword$_j$ 为 keyword$_i$ 的情感子串，且 keyword$_j$ 位于 keyword$_i$ 的位置范围之内。

3. 识别情感词前的否定关键词

在网络文本中存在否定词修饰情感词情况，这时情感短语（否定词+情感词）的极性应该相反，但从例 9.4 中我们可以看出"办的很不好"中的情感关键词"好"的情感倾向性没有受到它之前否定词的影响，如果考虑它前面的否定词"不"，这个情感短语的极性应该正好相反。

可以利用移动窗口识别情感关键词"附近"的否定修饰词，我们认为在情感词之前的移动窗口内部的否定词直接影响该情感词的情感极性，在本方法中将移动窗口的大小设置为 4 个字符的长度。

然而，如何区分"否定词"和"带有否定词的非否定词"？如，"不"是否定词，"不愧"是非否定词。在不对输入的网络文本进行事先分词处理的情况下，采用如下策略处理该问题：先利用 Hownet 建立一个分词词典，只针对移动窗口内部的字符串进行分词处理，遍历整个分词词典找出移动窗口内部的字符串包含的否定关键词，如果不存在就此终结本次寻找，如果存在则进一步寻找该否定词是否与其前或后的字符构成非否定词。如果最终该否定词与其前或后的字符可以组成非否定词则该移动窗口后面修饰的情感词极性不变，否则极性改变。

基于 Hownet 建立分词词典并将 Hownet 中标注为"neg|否"的关键词作为否定关键词进行标记。最终经过去重得到 53 335 条分词词汇，其中标注为否定词（mark 标记为 1）的有 45 条，分别为：甭、别、并非、并没、并没有、并无、不、不得、不对、不负、不会、不然、不是、不再、不曾、从不、从未、弗、毫不、毫无、决不、决非、绝不、绝非、没、没有、切不可、切莫、切勿、请勿、尚未、万万不、万万没、未、未必、未尝、未曾、毋、毋庸、勿……

加入否定词识别之后的实验效果如例 9.5 所示。

例 9.5：

请输入待检测短文本：英国伦敦奥运会办的不愧是最好的一次！
英国伦敦奥运【会】（0.2475606054）办的不愧是【最好】（0.6876453757）的一次！
Ultimate tendency score:0.46760299055（Positive）
请输入待检测短文本：英国伦敦奥运会办的不是最好的一次！
英国伦敦奥运【会】（0.2475606054）办的【不是】
（−0.2126588861）【最好】（−0.6876453757）的一次！
Ultimate tendency score:−0.2175812188（Negative）
请输入待检测短文本：她已毫无美丽可言。
她已毫无【美丽】（−0.8836032152）可言。
Ultimate tendency score：−0.8836032152（Negative）
请输入待检测短文本：她已无比美丽。
她已无比【美丽】（0.8836032152）。
Ultimate tendency score:0.8836032152（Positive）

例 9.5 中，短文本"英国伦敦奥运会办的不愧是最好的一次"中情感关键词"最好"的前面移动窗口内的字符串为"办的不愧"，其中"不"是分词词典中的否定词，根据前述策略可以在移动窗口的字符串内匹配得到"不愧"为非否定词，因此不对情感关键词"最好"构成影响。第二个例子中情感关键词"最好"前的"不是"本身是否定词而且与前后其他字符不构成非否定词，所以"不是"将影响"最好"的情感倾向性。

9.4.2　分词之后匹配情感关键词的方法

利用分词之后再匹配情感关键词的方法进行情感倾向性分析流程如图 9.5 所示。流程中首先需要利用统计得到的网络词典作为用户词典添加到 ICTCLAS 分词组件中，网络文本通过分词典的分词处理得到网络文本关键词集合；其次对于集合中的每个关键词依次查找通用网络情感词典、领域情感词典、领域网络常用词典和 Hownet 情感词典并将首次查到的结果作为该情感关键词的权重，得到关键词集合中所有情感关键词的权重和位置信息；最后去除不成词语素的影响，识别否定词计算整个文本段的情感倾向性。

图 9.4 与图 9.5 中带标号的箭头的区别是前者是从情感词典中命中关键词，而后者是利用分词的结果查找情感词典。与图 9.4 中的方法相比，由于要事先进行分词处理，所以图 9.5 中的方法在文本预处理的时间复杂度方面要大一些。但是

图 9.5 对应的方法在对网络文本分词之后获得的关键词相对更准确, 省去了图 9.4
方法中最大情感词串寻找的步骤。

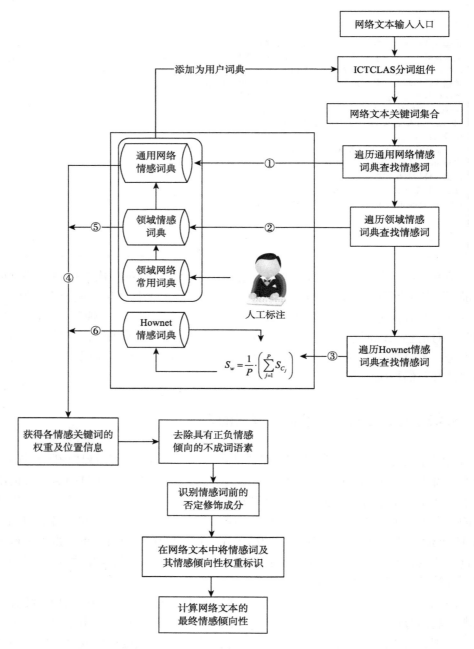

图 9.5　分词之后匹配情感关键词的网络文本情感分析流程

此外，图 9.5 对应的方法更便于获得网络文本中各个关键词的位置信息，对于情感关键词前否定词的寻找也更加方便，在匹配到否定词时不需要像图 9.4 中的否定词寻找算法那样继续寻找该否定词与其前后的单字是否能组成非否定词，所以处理流程更加简洁，由于事先进行了分词处理，移动窗口内部是 4 个完整的关键词，避免了前文方法中的关键词截断的问题。

9.5　实验与结果分析

为了评测本章设计实现的基于情感词典的情感分类方法的有效性，本节在"曲靖矿难"及"利奇马台风"两个案例数据集上进行了实验，并对结果进行了分析，实验结果如表 9.4 所示。

表 9.4　情感分类实验结果

情感分类方法	网络情感词典使用情况	准确率	召回率
分词之后匹配情感关键词的方法	未加入网络情感词典	0.6378	0.6049
	加入网络情感词典	0.6954	0.6502
预先不分词的情感关键词命中方法	未加入网络情感词典	0.6049	0.5761
	加入网络情感词典	0.7037	0.6707

由表 9.4 所示的实验结果可知，无论在哪种网络文本处理方法下，使用本章统计得到的网络情感词典可以有效地提高网络文本情感分类的准确度。

为了深入了解灾害发生后对民众社会心理影响，接下来对两个灾害数据中体现出来的情感值进行了可视化。进一步地，为了能展示心理状态的动态变化情况，首先将数据划分为多个不同的时间段，其次分析每个时间段内的情感情况。

将"曲靖矿难"事件的数据划分为 6 个阶段，分别为 2014 年 4 月 7 日、2014 年 4 月 8 日、2014 年 4 月 9 日、2014 年 4 月 10 日、2014 年 4 月 11 日至 4 月 30 日、2014 年 5 月 1 日至 6 月 1 日。图 9.6 显示了这几个不同时间段内民众关于该灾害的心理状态。从情感分类分析结果可知，六个时间段内情感平均值分别为 0.253、0.211、0.365、0.361、0.389、0.349，可以看出"曲靖矿难"发生后，在短时间内引起了民众的普遍关注。突发灾害发生后，人们普遍具有焦急及同情的心理，情感值较低。随着时间的流逝，民众对该事故的关注度越来越低，可以看出情感值也越来越高，说明随着管理者及时的信息发布及距离灾害事故发生时间越久，人们的信心逐渐上涨，这符合灾害网络舆情传播的一般性规律。

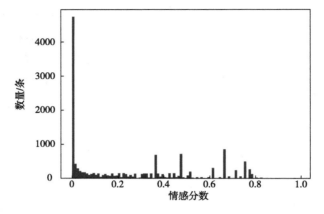

（a）2014 年 4 月 7 日

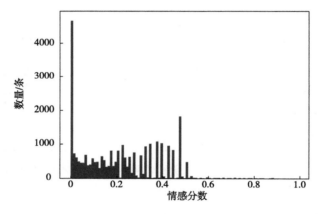

（b）2014 年 4 月 8 日

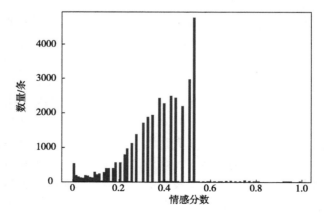

（c）2014 年 4 月 9 日

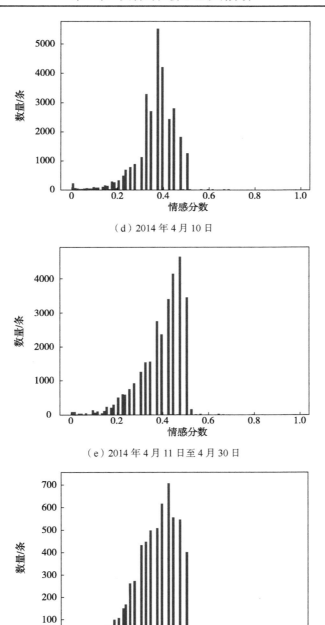

（d）2014 年 4 月 10 日

（e）2014 年 4 月 11 日至 4 月 30 日

（f）2014 年 5 月 1 日至 6 月 1 日

图 9.6 "曲靖矿难"对民众社会心理影响分析图

　　根据对"利奇马台风"数据的主题分析,将"利奇马台风"相关的数据划分为七个时间段,分别为 2019 年 8 月 4 日至 8 月 8 日、2019 年 8 月 9 日、2019 年 8 月 10 日、2019 年 8 月 11 日、2019 年 8 月 12 日、2019 年 8 月 13 日、2019 年 8 月 14 日至 8 月 21 日,然后对各个时间段内的数据进行情感分类,结果显示七个时间段内的情感平均值分别为 0.103、0.200、0.198、0.154、0.111、0.246、0.242。图 9.7 给出了各情感分数段出现的频率所对应的柱状图。从图中结果可以得出"利奇马台风"对民众带来的心理影响:在台风刚刚形成时民众对于该台风并没有过多的惊慌,这是因为当时网络上关于"利奇马台风"的更多的内容是对"利奇马台风"的气象分析及新闻报道;2019 年 8 月 10 日至 8 月 12 日,随着台风灾害的登陆及给社会和经济所造成的种种破坏不断升级,民众的整体情绪一直处于较为悲观的区间;在 2019 年 8 月 13 日之后台风逐渐减弱直至消失,人们的负面情绪才逐渐好转。

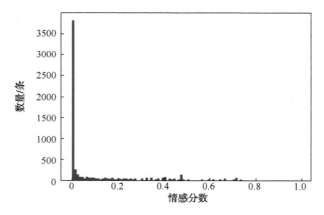

(a)2019 年 8 月 4 日至 8 月 8 日

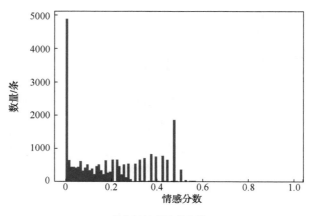

(b)2019 年 8 月 9 日

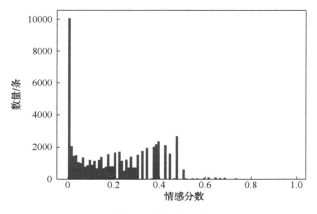

（c）2019 年 8 月 10 日

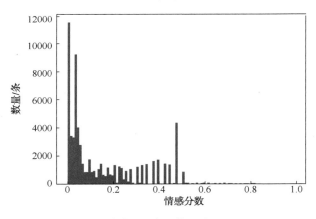

（d）2019 年 8 月 11 日

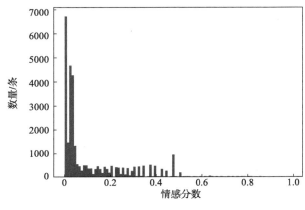

（e）2019 年 8 月 12 日

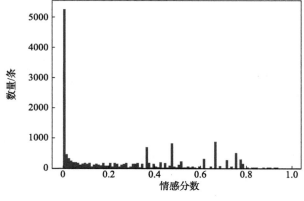

（f）2019 年 8 月 13 日

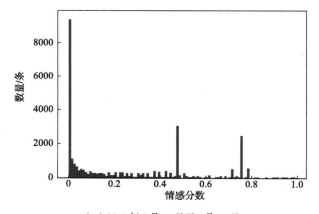

（g）2019 年 8 月 14 日至 8 月 21 日

图 9.7　"利奇马台风"对民众社会心理影响分析图

9.6　本 章 小 结

　　灾害的社会心理影响是评估灾害社会影响的重要维度，已经引起了越来越多的研究者的关注，但是现有的研究中对灾害社会心理影响大多是通过访谈、调查问卷等方法展开的，存在一些缺陷。为此，本章提出引入情感分类技术，将网络舆情大数据中体现出的情感倾向作为对灾害社会心理影响的度量方法，并设计实现了基于情感词典的情感分类方法，实现了灾害社会心理影响的量化计算。

第 10 章 大数据支持的灾害社会影响评估模型

灾害社会影响评估模型是对灾害社会影响进行判断、估计的模型，通过将多个不同的灾害社会影响指标进行融合，最终得到一个表征灾害社会影响严重程度的数值或等级。灾害社会影响评估模型应该能够客观反映灾害的实际范围、程度、大小和损失，并保证相应的时效性，以利于及时制定救灾决策。历史经验表明，出现突发性重大自然灾害时，能否做出快速反应是至关重要的问题。建立应对突发性灾害社会影响的评估需要通过对灾情信息快速收集、分析、评估，最终在最短的时间内做出救灾决策，这是建立科学的救灾模式的核心所在。

大数据挖掘技术的迅速发展为灾害社会影响动态评估提供了新的视角，本章首先介绍了灾害社会影响动态评估的必要性、动态评估框架及灾害社会影响评估指标体系构建原则，其次构建了大数据支持的灾害社会影响评估指标体系，并对各个指标的权重进行了分析，最后构建反向传播（back propagation，BP）神经网络模型作为评估模型，其中经过线性加权融合后的指标作为模型的输入，而模型的输出则是灾害社会影响的评估等级结果。整个评估过程如图 10.1 所示。

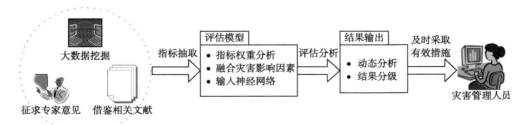

图 10.1 大数据支持的灾害社会影响评估过程

10.1　大数据支持的灾害社会影响动态评估的必要性

传统的灾害社会影响评估方法主要采用问卷法、访谈法和部门上报的方法。但是随着现代社会的发展，传统的灾害社会影响评估方法存在着严重的缺陷，主要表现在以下几个方面。

（1）传统的灾害社会影响评估方法存在滞后。尤其对于问卷法和访谈法，这样的方法一般是在灾后、受灾群众状态稳定的时候才能开展，所以存在一定的滞后。不能及时反映灾害造成的社会影响，同时更加不能刻画灾害社会影响的动态演化过程。相反，随着 Web2.0 和移动终端等技术的发展，民众越来越倾向于使用移动终端发布一些信息，当灾害发生时，民众会在灾中、灾后，甚至灾前发布一些关于灾害的数据，对这些数据进行挖掘从而得到对评估灾害社会影响有用的信息可以及时应用于灾害的影响评估中，及时及早地对灾害社会影响做出准确评估，进而可以采取有效应对措施，将灾害影响尽可能降到最低。

（2）传统的灾害社会影响评估指标模式化现象严重。传统的灾害社会影响评估指标是根据历史发生的灾害结合研究者的推理而确定的，是合理的。但事先将指标确定下来的做法暴露出来的问题是指标不够灵活，不能及时捕捉民众的某些真实感受。相反，由于网络社交媒体的隐匿性，越来越多的民众倾向于使用社交媒体发表自己的真实感受，在社交平台上畅所欲言。利用大数据挖掘技术可以及时捕捉到这样的新焦点，得到更加全面的社会影响评估指标。

（3）传统的灾害社会影响评估指标中有些难以量化。比如，"灾害对社会稳定和社会心理的影响"这一指标，传统的评估方法很难将其量化。然而，大数据环境下，借助于文本挖掘中的情感分析方法可以很容易将其量化。

（4）传统的灾害社会影响评估结果形式比较单一。传统评估方法大多提供定性分析结果，少数研究提供定量分析结果。传统评估结果无论以定性方式还是定量方式来展现，都存在展示方式单一的缺陷。管理人员从这些评估结果中很难详细了解灾害社会影响。我们引入大数据挖掘技术，可以抽取社会影响具体的体现，同时可以将评估结果进行可视化用以很好地解释分析结果，更好地辅助灾害管理人员。

从以上四点可以看出，传统的基于问卷法、访谈法和部门上报的灾害社会影响评估方法存在着一些缺陷，难以实现对社会影响更加全面客观的定量评估。为此，我们积极开展面向灾害社会影响评估的大数据感知和深度挖掘技术研究，探索大数据支持下灾害社会影响评价体系与模型构建方法，找寻一种基于大数据挖掘的更为全面、客观的灾害社会影响框架和科学的灾害社会影响动态评估方法，并积极探索该方法与灾害损失评估、救助需求评估、灾后重建评估的整合方法，以便更好地为灾区群众提供多方面的救援和支持。

10.2 大数据支持的灾害社会影响动态评估框架

灾害社会影响区别于灾害造成的直接物理损失，是指灾害对人类社会关系、社会组织结构、社会公共安全、家庭生计系统、个体身心健康等方面产生的一系列影响。在灾害发生的瞬间及之后的持续时间内，相关数据会以惊人的速度产生于"人（大规模群体）-物（复杂物理环境）-网（网络空间）"三维空间。"人-物-网"三维空间的灾害相关大数据蕴含的内容应该成为灾害社会影响评估新的维度，但从相关文献来看，目前基于大数据挖掘的灾害社会影响评估近乎空白。本节提出的大数据支持的灾害社会影响评估框架如图 10.2 所示。

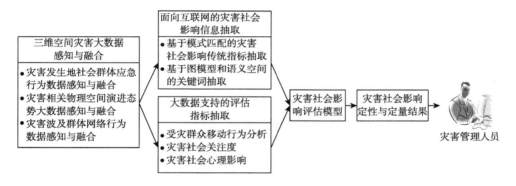

图 10.2 大数据支持的灾害社会影响动态评估框架

从图 10.2 中可以看出，所提出的灾害社会影响评估框架在有效感知和融合"人-物-网"三维空间灾害大数据的基础上，首先从两个方面抽取评估指标，分别是基于信息抽取（information extraction，IE）的传统评估指标抽取（值得说明的是，此处传统指标抽取也是基于 IE 技术从获取的灾害大数据中自动抽取得到的，而不是通过访谈法、问卷法等方式获得的。）和大数据支持的评估指标抽取，其次构建灾害社会影响评估模型融合两方面的指标抽取结果，最后得到灾害社会影响的定性和定量评估结果，提交给灾害管理人员，有效地辅助决策。各个部分的内容详细介绍如下。

（1）三维空间灾害大数据感知与融合。数据是进行深度挖掘的食粮，是构建大数据背景下评价体系的依据。灾害发生后，"人-物-网"三维空间会迅速产生大规模的相关数据，具体包括以下几个方面。①灾害发生地社会群体行为数据：包括灾害发生后人类群体移动、GPS 轨迹、地铁公交刷卡等行为数据，这些数据是挖掘灾害发生后人与人之间信息传播方式、移动方式等规律的基石。②灾害相关物理空间演进态势大数据：包括区域内公共安全监测系统、传感器网络、公安、消防等专用网络实时全面感知灾害现场数据，这些数据是灾后演进态势感知、态势理解、态势评估等辅助决策的支撑。③灾害波及群体网络行为数据感知与融合：包括面向 Web 页面、视频、微博、微信、论坛、社交网络等多通道网络行为数据，这些数据是挖掘信息网络传播的时空规律、发现受灾群体的情感倾向、自动抽取社会影响评估指标的基础。

（2）面向互联网的灾害社会影响信息抽取。在国内外研究学者开展的灾害社会影响评估的研究中已经提出了一些行之有效的评估指标，如人员伤亡数、房屋倒塌数等。为了及时获取这些传统评估指标的数值，可以利用第 6 章提出的基于模式匹配的灾害社会影响传统指标抽取方法，该方法基于正则表达式实现指标的抽取。

（3）大数据支持的评估指标抽取。相比于上述的传统评估指标，将传统方法中不容易获取、不容易量化的评估指标称为大数据支持的评估指标。这些指标的提出、正确抽取和量化为灾害社会影响评估注入了新的视角。具体来说，这些指标包含以下三个方面。

第一，受灾群体移动行为分析。灾害发生后，相关群众会自发地或根据政府的指示进行疏散、避难，由此会出现各类人流聚集、车流 GPS 轨迹、公交刷卡等群体移动轨迹大数据。通过分析这些轨迹大数据，可以更好地了解群众的个体移动模式。该部分具体包括：①受灾群体的出行规律分析，即从出行时段分布和出行距离分布来研究居民出行的时空分布特性；②受灾地区热点区域挖掘，即人员密集区域，从而可以帮助发现灾情地点；③受灾地区热点轨迹分析，有助于发现人员疏散路径或交通拥堵路段，从而可以辅助人员转移和交通疏导；④灾民出行流量分布分析，即两个活动区域间的人流量情况，也有助于进行人员和交通疏导；⑤大规模群体行为相似度计算，通过对移动轨迹的语义分析，实现轨迹相似度计算，从而实现了群体移动行为的相似度计算。这些相关内容已经在第 4 章和第 5 章进行了介绍。

第二，灾害社会关注度分析。Web2.0 环境下，灾害一旦发生，短时间内就会通过各类社交平台传播出去。本方面主要基于大数据挖掘分析，得到灾害在时间、空间两个维度的社会关注度。具体包括：①分析灾害社会影响的时间分布，即分析网络舆情数据在时间上的分布和演化情况、发展趋势、可能造成的现实危机；②分析灾害社会影响的空间分布，又分为地理空间和网络空间两个维度进行展示，可视化出舆情的空间分布并由此分析舆情的波及范围及程度，数据可视化技术使舆情的发展态势一目了然；③分析灾害社会影响的空间传播规律，即用常用的网络指标发现灾害网络舆情的信息传播规律，并对其进行可视化。这部分内容已在第 7 章中介绍。

第三，灾害社会心理影响。灾害的发生会对人们的心理造成一定的影响，这一点已经得到了灾害社会影响评估研究者的认可和关注。本方面主要借助于大数据分析技术，从灾害大数据中洞悉灾害对灾民造成的心理影响，具体包括两个方面。①民众的关注焦点挖掘。为了准确挖掘民众关于灾害的关注焦点，探索实现了两种不同的方法。第一种方法是抽取灾害网络舆情数据中的主题词，构建主题词共现网络，通过对共现网络聚类实现关注焦点的识别。第二种方法按照时间将灾害网络舆情信息划分为不同的分组，基于 LDA 主题模型识别每个分组的主题，最后通过时间轴可视化民众关注焦点随时间的变化情况。②灾害心理影响分析。为了实现灾害心理影响的量化计算，设计实现了基于情感分类的灾害心理影响分析，即将灾害网络舆情信息中体现出的情感倾向作为灾害对民众造成的心理影响。相关内容已在第 8 章和第 9 章进行了阐述。

（4）灾害社会影响模型。构建准确的评估模型是实现定量分析的关键，重点研究各项评估指标的关系，利用线性加权确定指标的权值，结合 BP 神经网络实现大数据支持下的灾害社会影响评估模型。

（5）灾害社会影响定性和定量结果。将灾害社会影响评估的结果进行多方位、多视角的展示，以便更好地解释评估结果，更好地辅助灾害管理人员科学决策。

10.3　灾害社会影响评估指标体系构建原则

灾害社会影响评估指标体系是根据灾害应急管理理论、灾害影响评估现实需要而建立的一套描述和分析的工具。为了使这种测量有效可信，测评结果全面、客观、准确地反映灾害社会影响的实际情况，使得灾害应急管理具有现实性、测度性和应用性，大数据支持的灾害社会影响评估指标体系的构建必须遵守以下原则（李兴之，2016；廖洁明，2009）。

1. 科学性原则

只有准确、科学地评估灾害社会影响，才能有效辅助开展减灾救灾工作，也才能发现灾害应急管理工作实践中可能存在的问题和不足，从而有针对性地采取提升政府灾害应急管理能力的具体措施，达到以评促建的基本目标，这就要求灾害社会影响评估指标体系的构建必须遵循科学性原则。科学性原则既要求指标设计的科学性，又要求评价标准的科学性，还要求考核评价措施的科学性，通过指标设计的科学性、标准设定的科学性、考核评价措施的科学性，保证考核评价结果的科学性。

2. 系统性原则

灾害评估是一个复杂的综合性工作，而灾害社会影响评估作为其中非常重要的一个环节，对其进行评估的指标体系不但需要反映灾害社会影响各个指标之间的联系还应该符合灾害评估的整体目的。因此，构建灾害社会影响评估指标体系时应该坚持系统性原则，要系统分析各个要素指标之间的逻辑关系，建构一个有序的、层次分明的、系统的指标体系。

3. 代表性原则

灾害社会影响评估是一项复杂、涉及面广的工作，要选取所有相关的因素作为评估指标是不现实的，也是没有必要的。因此选取的评估指标应具有代表性，使评估指标体系能全面地反映灾害社会影响的特点和客观情况。

4. 独立性原则

每一个评估指标的选取都是为了描述灾害社会影响的某一属性，若指标间相互重叠或相关联，将明显降低指标独立描述某一属性的能力。因此在指标选取过程应遵循独立性原则，避免指标间信息的重复。

5. 可操作性原则

灾害社会影响评估指标体系设计最终要落实到灾害社会影响评估实践上去，设计和构建评估指标体系的根本目的在于通过指标体系考察评估灾害造成的社会影响。为此，灾害社会影响指标体系构建时必须遵循可操作性原则，通过系统的层级转换和操作化设计，将各种抽象的灾害社会影响要素转化为可以直接定量评估的具体参数。只有如此，才能实现评估指标体系设计的初衷。

6. 可比性原则

为了更好地标识灾害造成的社会影响的实际水平和变化趋势，在对其进行评估时必须明确评估指标体系中每个指标的含义、统计口径、时间、地点和适用范围以确保评估结果能够进行横向和纵向比较。评价指标体系的可比性越强，其评价结果的可信度就越大。

7. 动态性原则

灾害造成的社会影响是一个动态变化的过程，它对受灾群体造成的失业、心理创伤等影响有时不易在较短的时间内取得其真实值，因此在选择评估指标时，既要有评估社会影响的现实指标（静态指标），又要有反映社会影响过程的过程指标（动态指标）。同时，评估指标也不能是一成不变的，应该根据人们对灾害社会影响认识的不断深入对其进行动态的调整。

10.4　大数据支持的灾害社会影响评估指标

在分析了国内外关于灾害社会影响评估指标体系的基础上，提出构建大数据支持的灾害社会影响评估指标体系。该指标体系更加注重获取的自动化、指标的可量化，即可以通过大数据挖掘技术自动获取评价指标的值。

我们采用的评价指标体系如表 10.1 所示。其中，灾害心理是一种在灾害条件下产生的心理现象。它是人们对于灾害发生之后的生活条件及实际生活情形的内心感受或体验，一般表现为灾害发生后人们的消极心理反应。

表 10.1　大数据支持的灾害社会影响评估指标

指标分类	一级指标	二级指标	相应大数据挖掘技术
面向网络大数据的传统指标	人员影响	死亡人数	信息抽取、意见挖掘
		受伤人数	
		失踪人数	
	日常生活影响	居民房屋损坏数	
		基础设施损坏数	
	日常生计影响	紧急转移和安置人数	
		农田损坏数	
		企业厂房损坏数	
	公共服务设施影响	学校受损数	
		医院受损数	
		养老院受损数	
大数据支持的指标	出行行为变化	移动行为分析	行为挖掘
	社会关注度	新闻报道统计数	社交网络分析
		微博统计数	
	社会心理影响	心理影响	情感分类

值得说明的，表 10.1 中所列出的传统指标也是基于数据挖掘技术从获取的灾害大数据中自动分析获得的，这一点和传统方法中基于调查问卷、部门上报法的

获取方式是不一样的。除了传统指标，本章又提出了三项网络大数据支持的评估指标：灾民移动行为、社会关注度和社会心理影响。

10.5　评估指标权重分析

在分析面向网络大数据的灾害社会影响指标时，着重考虑以下几个因素：科学性、准确性、可操作性和适用性。在现有传统评价指标的基础上，充分挖掘大数据中所蕴含的关于灾害社会影响评估的新维度、新侧面，制定更为完备、更为客观的灾害社会影响评估指标，同时确定各项指标之间的相关关系。

从收集信息的角度出发，考虑的因素越多越可以避免灾害影响因素中重要信息的丢失，保证输入网络中的指标的全面性。我们构建的指标体系基于一定的数学方法对指标赋予权重，采用线性加权，其中可包含全部原始数据指标变量。为准确评估灾害社会影响，首先需要从所有的影响因素中抽取主要内容，其次确定指标权重。权重的确定是综合评价的重要步骤，如何科学而又符合实际地确定权重是一个极其重要的问题。权重确定得合适与否，直接影响到最后计算结果的准确性，进而会对问题的最终结论产生一定影响。因此需要慎重地去确定权数。确定权重的方法有多种，一般都带有较强的经验色彩，通常有专家打分法、数学分析法，以及专家打分法和数学分析法相结合来确定权重三种方法。专家打分法，又称主观定权法，主要是依赖专家对某一领域的经验进行主观定权。数学分析法就是利用数学工具，如构造矩阵、计算变异系数等，给指标进行定权，如因子分析定权法和变异系数定权法。

本书选择线性加权法对灾害社会影响因素进行综合评价。指数赋权考虑到主观赋值法中的专家评判法虽然受主观因素影响较大，但易于操作，并具有合理性。层次分析法要求评价者对评价内容的本质、包含的要素及相互间的逻辑关系掌握得十分透彻，普适性不强。客观赋值其权数的分配会受到样本数据随机性的影响，且计算复杂不易推广。所以在对指数赋权的过程中主要采用了在主观赋权的基础上，综合调整赋值的方法对各个指标进行赋权，对重要指标适当加大权重，使指标权重更符合整体设计要求，如表 10.2 所示。

表 10.2　灾害社会影响指标权重

一级指标	权重	二级指标	权重
人员影响（X_1）	0.3	死亡人数	0.5
		受伤人数	0.3
		失踪人数	0.2

续表

一级指标	权重	二级指标	权重
日常生活影响（X_2）	0.2	居民房屋损坏数	0.5
		基础设施损坏数	0.25
		出行行为变化	0.25
日常生计影响（X_3）	0.2	紧急转移和安置人数	0.4
		农田损坏数	0.3
		企业厂房损坏数	0.3
公共服务设施影响（X_4）	0.1	学校受损数	0.4
		医院受损数	0.4
		养老院受损数	0.2
社会关注度（X_5）	0.1	新闻报道统计数	0.5
		微博统计数	0.5
社会心理影响（X_6）		0.1	

我们基于大数据挖掘结果和评价指标，为对灾害评价建立一个普适的评估模型，对各项指标进行线性加权，将优化后的指标输入到神经网络中，构建一种更为全面和综合的灾害社会影响评价体系。上述的影响因素有些是数值型属性，但很多是非数值型属性，如日常生活影响、日常生计影响、社会心理影响等。为了排除数量级和量纲不同带来的影响，需要对原始数据进行标准化处理。对各项因素进行准确的定量分析，将获取的各项指标进行融合确定各项评估指标的关系，结合线性加权确定指标的权值，将加权后的指标信息作为输入信息，输入到神经网络实现大数据支持下的灾害社会影响评估模型。

10.6　评估模型的建立与实现

10.6.1　评估模型

人工神经网络是对生物神经系统的信息处理机制进行的抽象、简化与模拟。大量的神经元在人工神经网络中并行互联，从而连接构成人工神经网络。神经网络本质是要获得误差函数的最小值，以调节网络权值。学习过程要一直进行，直到网络输出的误差降低到所设定的误差精度或是运行到设定的学习次数为止。BP 神经网络具有自身调节连接权值的优点，是一种较为理想的灾害风险评估方法。

　　图 10.3 所示的神经网络模型 *I-J-P* 网络，为含有两层隐含层的 BP 网络结构图。第 1 层隐层为 *I* 中任一神经元用 *i* 表示，第 2 隐层为 *J* 中任一神经元用 *j* 表示，输出层为 *P*，其中神经元用 *p* 表示。w_{mi} 表示输入层与第 1 隐层的网络权值；w_{ij} 表示第 1 隐层与第 2 隐层的网络权值；w_{jp} 表示第 2 隐层与输出层的网络权值。θ_i 表示第 1 隐层节点的阈值；θ_j 表示第 2 隐层节点的阈值；θ_p 表示输出层节点的阈值。

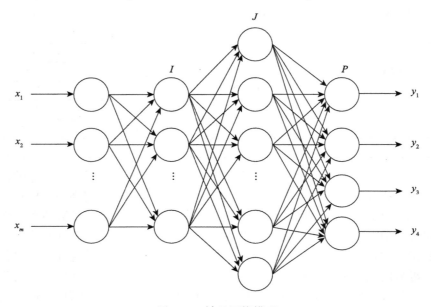

图 10.3　神经网络模型

　　BP 神经网络需要通过对网络输入层节点、网络输出层节点、网络隐含层节点的权值和阈值的计算来调整。BP 神经网络的神经元中，可以使用各种可微的函数作为网络的传递函数。在本网络模型 *I-J-P* 网络中的传递函数使用了 Sigmoid 函数，$f(x) = \dfrac{1}{1+\mathrm{e}^{-ax}}$。输入某个样本 $X_k = [x_{k1}, x_{k2}, \cdots, x_{km}]$，$k = (1, 2, \cdots, N)$，对于输出层的实际输出值为 $Y_k = [y_{kp}]^{\mathrm{T}}$，理想值输出为 $d_k = [d_{kp}]^{\mathrm{T}}$。在 BP 神经网络中误差信号为从后向前传递，需要对连接间的权值进行逐层的修改。其中 *J-P* 层间的权值修正量为 $w_{jp}(n+1) = w_{jp}(n) + \Delta w_{jp}(n)$，*I-J* 层的权值修正量为 $w_{ij}(n+1) = w_{ij}(n) + \Delta w_{ij}(n)$。*I* 层隐节点阈值为 $\theta_i(n+1) = \theta_i(n) + \Delta \theta_i(n)$，*J* 层隐节点阈值为 $\theta_j(n+1) = \theta_j(n) + \Delta \theta_j(n)$，*P* 层输出节点阈值为 $\theta_p(n+1) = \theta_p(n) + \Delta \theta_p(n)$。总误差 $E(n) = \dfrac{1}{2} \sum\limits_{p=1}^{p} \mathrm{e}_{kp}^2(n) < \epsilon$ 时停止，此时输出结果和期望之间的误差

达到设定值。

根据以上分析,灾害社会影响评估的人工神经网络图的评估模型如图 10.3 所示。在正向传播的过程中输入样本数据要经过逐层的隐层结点进行计算,并最终在输出层得到输出结果。输出结果和期望设定值进行比较之后得到误差,误差再经输出层通过网络的连接反向传播修改连接权值和阈值,这样便达到网络学习的误差不断减小的目的。

10.6.2　评估过程

BP 神经网络评估模型的实现共包括两个阶段,第一阶段是在大数据可获取的指标下综合利用专家访谈和查阅文献,构建灾害社会影响因素的集合。第二阶段是在对灾害社会影响因素上采用了线性加权方法对指标进行融合。最后在对灾害社会影响因素的指标分析上,建立 BP 神经网络模型。具体步骤如下。

（1）利用大数据可获取的指标,综合专家意见和查阅文献,构建灾害社会影响因素的集合,并收集优化测试数据和样本数据。

（2）利用线性加权方法对影响因素进行选择融合,构建灾害社会影响指标体系,从而得出用作神经网络进行输入的维度。

（3）对所有灾害社会影响指标的数据进行标准化处理,选择优化后训练样本数据和测试样本数据。

（4）对训练样本数据按 BP 神经网络算法进行网络训练。

（5）判断网络输出的误差是否降低到所设定的误差精度或是运行到设定的学习次数,如果是,则学习过程终止,如果否,返回步骤（4）,继续学习。

（6）将测试样本数据输入到训练好的 BP 神经网络模型中,使用训练结果对该模型的效果进行评价,如果模型效果显著,则可用作灾害社会影响评估。

（7）将需进行灾害社会影响因素的优化数据,按指标输入到效果显著的训练好的 BP 神经网络中。结合模型的输出结果,即分析出的灾害不同等级,进行灾害社会影响评估结果的进一步分析并及时采取措施。

为更好地进行灾害管理,须对危机事件的社会影响进行及时评估,在控制重大伤亡事故的同时,严格控制社会影响大的事件。需要灾害管理者及时采取有效措施降低社会影响带来的不良后果或冲击。我们选取“盐城龙卷风”灾害事件 6 月 23 日 15：00、6 月 23 日 20：00 和 6 月 24 日 20：00 的死亡人数、微博数、房屋损坏数等有效指标信息,并将各组影响指标进行标准化处理。以某时刻的数据为例进行分析,模型可动态展示灾害社会影响各个维度在数量和内容上的演化。

10.6.3　实例分析

构建了 4 层 BP 神经网络，输入层为 6 个神经元，隐含层分别为 8 和 10 个神经元，输出层为 4 个神经元，学习率设定为 0.5、动量因子设定为 0.9、目标误差设定为 0.01，迭代次数设定为 300，神经网络隐层中采用 Sigmoid 型函数和线性函数。BP 神经网络是一个非线性的系统，权值的初始值的设置，可以认为是神经网络结构中最重要的一个部分。每个神经网络都需要选取合适的初始权值和阈值，一般情况下权值和阈值的初始值随机在（-1，1）之间选取。采用 100 组优化数据作为训练数据，将"盐城龙卷风"事件灾害不同时间段 6 月 23 日 15：00、6 月 23 日 20：00 和 6 月 24 日 20：00 的 3 组数据作为测试数据。表 10.3 为 BP 神经网络模型评估结果，在 6 月 23 日 20：00 时测试，最后给出评定结果在 6 月 23 日 15：00 时"盐城龙卷风"事件为Ⅲ级，6 月 23 日 20：00 时和 6 月 24 日 20：00 时为Ⅰ级，评估结果具有稳定性，也证明了模型可用于对灾害社会影响因素进行分析和评估。该方法对实际工作具有一定的参考价值，但为了进一步完善预测模型，还需要对更多灾害案例和影响指标进行分析研究，也需加强对灾害管理方面的研究，以便在今后的评估应用后能够更加准确快速地进行灾后救助，为减灾工作提供有力的支持。

表 10.3　BP 神经网络模型评估结果

事件编号	灾难分级				评估等级
	重灾（Ⅰ）	中灾（Ⅱ）	轻灾（Ⅲ）	微灾（Ⅳ）	
1. 6 月 23 日 15：00 "盐城龙卷风"事件	0.0000	0.0381	2.7648	1.2503	Ⅲ
2. 6 月 23 日 20：00 "盐城龙卷风"事件	2.7104	0.4712	0.0539	0.000	Ⅰ
3. 6 月 24 日 20：00 "盐城龙卷风"事件	3.8963	0.0551	0.0073	0.000	Ⅰ

10.7　本章小结

本章分析了当前灾害社会影响评估存在的缺点，进一步明确了开展大数据支持的灾害社会影响动态评估的必要性；提出了大数据支持的灾害社会影响动态评估框架；在分析了国内外现有的灾害社会影响评估指标体系的基础上，给出了大数据支持的灾害社会影响评估指标体系；将提取出的主要指标模拟到 BP 神经网络中，对灾害的社会影响指标进行评估；以"盐城龙卷风"灾害事件为例进行了实证分析，实证分析结果显示线性加权后的 BP 神经网络评估模型具有较好的泛化能力和评估精度，可用于对灾害社会影响进行分析和评估，本章给出的评价指标体系具有较强的可靠性和可操作性。

第11章 灾害社会影响动态评估系统设计

本章主要介绍大数据支持的灾害社会影响动态评估系统的整体框架、关键技术，并给出了系统主要界面设计。

11.1 系统整体框架

大数据支持的灾害社会影响动态评估系统主要将前述各章节的研究成果进行集成展示，具体框架如图11.1所示。

从图11.1可以看出，该系统包含以下几个层次。

（1）数据采集层主要从数据源获取要分析的数据，包括三种方式：网络爬虫、开源数据集和数据接口。网络爬虫主要用来爬取互联网上的灾害舆情数据、新闻网数据和微博转发数据。开源数据集主要是从数据堂等数据资源运营商网站获取的移动行为数据，包括出租车轨迹数据、公交刷卡数据和移动通话数据等。数据接口主要用来连接专有网络，包括公共安全监控系统和无线传感器网络等。

（2）数据预处理和存储层是将获取到的数据进行去噪处理，剔除掉干扰数据和不相干数据，将预处理后的数据存入数据库中，本系统使用的数据库是MySQL。

（3）数据挖掘和分析层，主要使用数据分析和挖掘方法处理灾害数据，为后期实现空间数据可视化做准备。利用统计分析、基于位置和轨迹的聚类算法、主题分析方法、基于词典的情感分类方法、复杂网络分析方法、相关性分析、指标评估等大数据处理方法实现受灾群体的行为分析、灾害时空分布分析、灾害网络舆情分析和灾害社会影响评估。

（4）数据可视化层，将数据挖掘和分析的结果以图表等形式呈现出来，主要包括移动行为可视化、网络舆情可视化、时空分布可视化和灾害社会影响评估可视化。

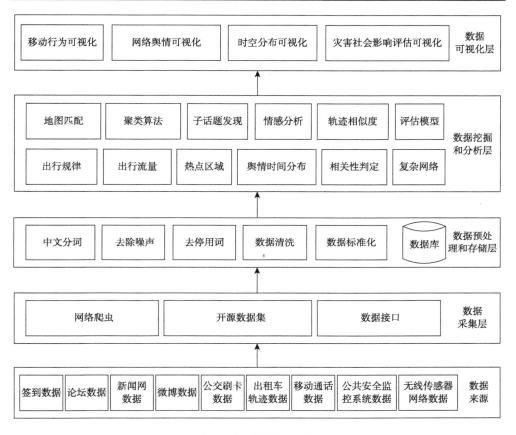

图 11.1　系统框架图

11.2　系统关键技术

本节针对系统所涉及的灾害网络舆情数据获取技术、数据挖掘与分析技术、数据可视化工具做一些概况介绍。

11.2.1　灾害网络舆情数据获取技术

灾害网络舆情数据的获取主要依靠网络爬虫来实现。爬虫程序在针对系统指定的网站进行爬行时，会对网页中的相关元数据进行抽取并保存在本地数据库中。爬虫程序主要由链接过滤子模块、页面解析子模块、爬行控制子模块及数据存储子模块构成，各个模块的功能简介如下。

（1）链接过滤子模块：在爬虫程序的爬行过程中，需要不断地向待抓取的URL队列中添加新的URL，而爬虫作为计算机程序只能机械执行，无法智能判断出某一个URL是否需要进行解析，这就要求在爬行过程中需要为爬虫定义一个链接过滤器，只有符合某些条件的URL才能被过滤器所识别，其余不符合条件的URL将会被链接过滤器过滤掉，不会加入到待抓取的爬行队列中去。这样一方面可以保证数据抓取的准确性；另一方面大大节省了内存空间。

（2）页面解析子模块：数据爬取过程中需要不断地提取符合链接过滤器的URL加入到爬虫队列中去，这些URL所指向的超文本标记语言（hyper text markup language，HTML）页面可以分为两类：一类是可以直接从中获取元数据的HTML页面，另一类是包含更多符合链接过滤器的URL但是不能抽取元数据的HTML页面。对于第一类HTML页面，直接利用HTML解析工具对其进行解析并进行元数据抽取；对于第二类HTML页面，则需要对其进行URL抽取而非元数据抽取，将HTML中符合链接过滤器的URL全部提取出来并加入到爬行队列中去。

（3）爬行控制子模块：爬行控制模块是整个爬虫程序的核心，它控制着整个爬虫的抓取策略（宽度优先或者深度优先）及停止条件。

（4）数据存储子模块：在每次进行完HTML页面的信息抽取之后，都要将所有获取到的元数据写入数据库中，另外还需要将本次的抓取过程记入日志文件。

11.2.2　数据挖掘与分析技术

该部分主要对获取到的"人-物-网"三维空间的数据进行挖掘与分析，提供灾害社会影响评估所需的基础数据。系统主要采用以下数据挖掘与分析技术。

（1）空间聚类。系统采用了基于K-Means的聚类算法对民众的出行记录数据进行聚类，实现热点区域的发现。通过聚类可以发现空间实体的集聚模式，揭示空间实体的分布规律、提取空间实体的群体空间结构特征、预测空间实体的发展变化趋势。

（2）轨迹相似度计算。系统采用了基于LCS的方法计算两个轨迹之间的相似度。相似度计算结果一方面用于发现民众出行的热点轨迹，另一方面用于用户相似度计算，从而发现灾害对民众的移动行为造成的影响。

（3）用户相似度计算。系统主要提出了三种不同的用户相似度计算方法，分别是基于指派问题的用户相似度计算方法、基于序列移动距离的用户相似度计算方法和支持位置语义度量的用户相似度计算方法。通过用户相似度计算可以实现大规模群体行为相似度计算。

（4）信息抽取。系统主要开展了两种信息抽取工作：一是基于模式匹配的灾

害社会影响指标抽取，该工作通过制定相应的规则自动抽取新闻报道中的相应指
标数据；二是基于图模型和语义空间的关键词抽取方法，该工作在构建语义空间
的基础上构建图模型，继而实现关键词抽取。

（5）主题词聚类。系统首先构建了关键词共现网络，其次通过设定阈值实现
关键词聚类，基于关键词聚类结果实现网络舆情关注焦点的发现。另外，系统还
实现了基于 LDA 主题模型的关注焦点发现。

（6）情感分析。系统主要实现了基于情感词典自动扩充的情感分析方法，并
基于情感分析结果发现灾害对民众造成的社会心理影响。

11.2.3　数据可视化工具

该部分主要负责各功能模块的结果可视化，以便更好地辅助决策。系统主要
应用了以下可视化技术。

（1）基于百度地图 JavaScript API 的移动行为轨迹数据可视化。百度地图
JavaScript API 是一套由 JavaScript 语言编写的应用程序接口，可帮助用户在网站
中构建功能丰富、交互性强的地图应用。

（2）基于 Timeline 的灾害网络舆情关注度可视化。建立了基于 Timeline 的
可视化结果以后，通过拖拽时间控制条，可以方便地查看任意一段舆情时间内的
微博数量变化，并根据可视化图形来掌握突发事件舆情的变化趋势。

（3）基于标签云的灾害网络舆情关注焦点可视化。通过 Google Chart Tools
可视化工具，将突发事件发生后采集到的微博数据进行分析、整理，并实时显示。

（4）基于 Google Maps 的灾害网络舆情地理空间分布可视化。具体使用
Google Maps 中的 JavaScript API V3 以数据采集模块得到的数据中包含微博的地
理信息为数据源，将网络中包含的地址信息映射到实际的地理空间，对灾害事件
舆情的空间分布进行可视化分析。

（5）基于 Gephi 的灾害社会影响网络空间传播规律可视化。Gephi 是一款开
源免费跨平台的基于 JVM 的复杂网络分析软件，其主要用于各种网络和复杂系
统、动态和分层图的交互可视化与探测。

11.3　系统主要界面设计

用户登录以后进入了系统的主界面（图 11.2），主界面包括了数据感知、群体
行为分析、灾情时空分析、灾害网络舆情分析和灾害社会影响评估五个模块，在

主界面通过点击的方式切换模块查看信息。

数据感知
获取数据
群体行为分析
热点区域
热点路径
出行流量分布
灾情时空分析
时空分析
网络空间传播规律
灾害网络舆情分析
标准时间折线图
情感分析折线图
情感分析饼图
灾害社会影响评估
指标抽取
指标分析
评估结果

图 11.2　功能模块界面

11.3.1　数据感知界面

　　数据感知模块中的数据来源有三种：数据堂等相关网站上的数据，这种数据直接存到数据库中；后台网络爬虫抓取的网络数据，这种数据可以通过爬虫工具实时获取后导入数据库；部分传感器数据可以通过 API 获取，如天气的温度、湿度等数据。数据感知模块可以实现数据源检索功能，用户通过输入灾害关键词、灾害发生地点和发生时间段检索灾害的相关数据信息。

　　数据类型标签包括 GIS、微博、新闻网、图片、视频及传感器等，GIS 数据，包括出租车和公交车等，图 11.3 是出租车数据。

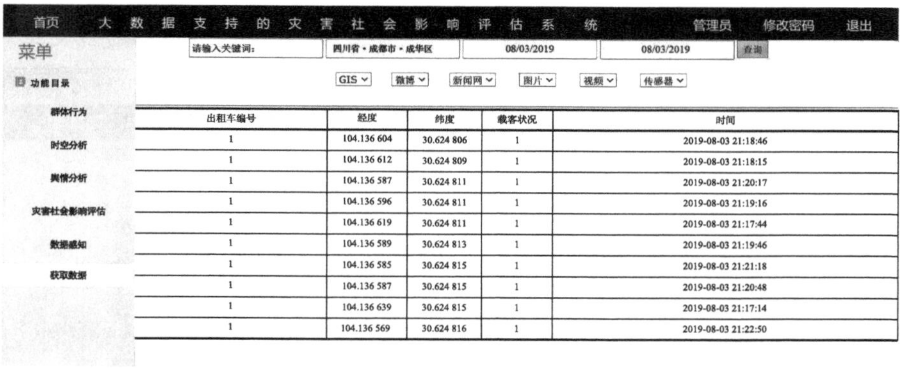

出租车编号	经度	纬度	载客状况	时间
1	104.136 604	30.624 806	1	2019-08-03 21:18:46
1	104.136 612	30.624 809	1	2019-08-03 21:18:15
1	104.136 587	30.624 811	1	2019-08-03 21:20:17
1	104.136 596	30.624 811	1	2019-08-03 21:19:16
1	104.136 619	30.624 811	1	2019-08-03 21:17:44
1	104.136 589	30.624 813	1	2019-08-03 21:19:46
1	104.136 585	30.624 815	1	2019-08-03 21:21:18
1	104.136 587	30.624 815	1	2019-08-03 21:20:48
1	104.136 639	30.624 815	1	2019-08-03 21:17:14
1	104.136 569	30.624 816	1	2019-08-03 21:22:50

图 11.3　GIS 数据感知界面

图 11.4 是某灾害事件的微博转发数据，包括“博主 id”及被转发和评论的数量，该数据可以用在灾害网络空间传播规律分析中。

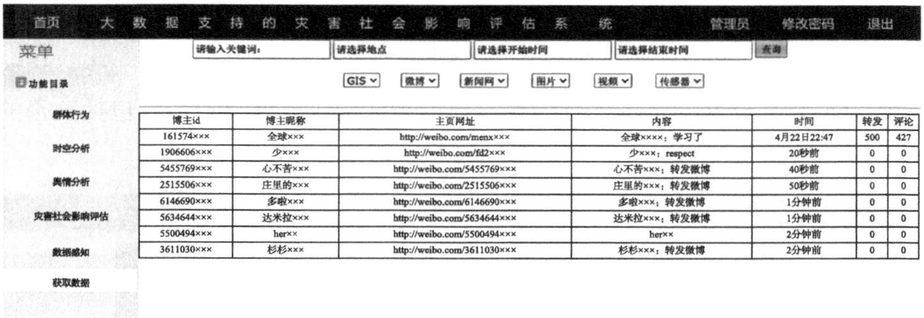

博主id	博主昵称	主页网址	内容	时间	转发	评论
161574×××	全球×××	http://weibo.com/menx×××	全球××××：学习了	4月22日22:47	500	427
1906606×××	少×××	http://weibo.com/fd2×××	少×××：respect	20秒前	0	0
5455769×××	心不苦×××	http://weibo.com/5455769×××	心不苦×××：转发微博	40秒前	0	0
2515506×××	庄里的×××	http://weibo.com/2515506×××	庄里的×××：转发微博	50秒前	0	0
6146690×××	多啦×××	http://weibo.com/6146690×××	多啦×××：转发微博	1分钟前	0	0
5634644×××	达米拉×××	http://weibo.com/5634644×××	达米拉×××：转发微博	1分钟前	0	0
5500494×××	her××	http://weibo.com/5500494×××	her××	2分钟前	0	0
3611030×××	杉杉×××	http://weibo.com/3611030×××	杉杉×××：转发微博	2分钟前	0	0

图 11.4　微博数据感知界面

图 11.5 是新闻网数据，包括“新闻标题”“新闻来源”“新闻内容”等属性，该数据可以用在灾害网络舆情分析中。

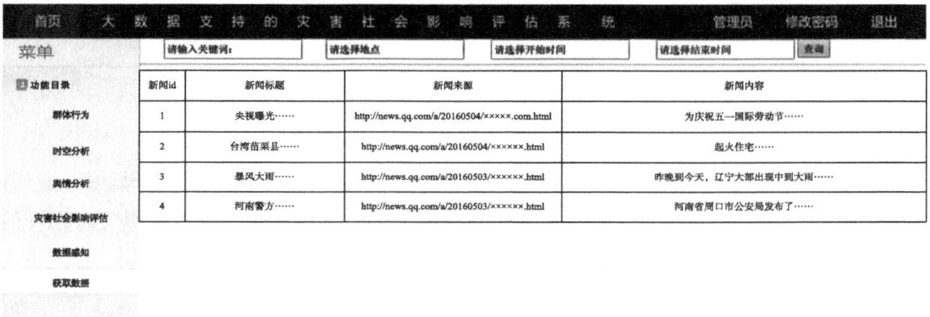

新闻id	新闻标题	新闻来源	新闻内容
1	央视曝光……	http://news.qq.com/a/20160504/×××××.com.html	为庆祝五一国际劳动节……
2	台湾苗栗县……	http://news.qq.com/a/20160504/××××××.html	起火住宅……
3	暴风大雨……	http://news.qq.com/a/20160503/××××××.html	昨晚到今天，辽宁大部出现中到大雨……
4	河南警方……	http://news.qq.com/a/20160503/××××××.html	河南省周口市公安局发布了……

图 11.5　新闻网数据感知界面

　　图 11.6 是灾害相关工作组和民众从发生现场拍到的图片数据，这些图片可以显示灾害的发生情况。

图 11.6　图片数据感知界面

　　图 11.7 是某新闻网站关于盐城龙卷风的视频数据，该视频不仅包括灾害的发生情况还包括相关部门的应急响应措施的实施情况。

图 11.7　视频数据感知界面

　　图 11.8 是通过自己制作的传感器监测到的天气情况数据，包括温度、湿度、$PM_{2.5}$ 和时间等属性。可以通过传感器网络获取类似的传感器数据做灾害现场态势分析。

菜单

☰ 功能目录

群体行为

时空分析

舆情分析

灾害社会影响评估

数据感知

获取数据

请输入关键词：	请选择地点	请选择开始时间	请选择结束时间	查询

GIS ▾	微博 ▾	新闻 ▾	图片 ▾	视频 ▾	传感器 ▾

编号	节点	温度	湿度	光照	PM2.5	集中器	时间
1	52	25	31.8	152.5		9	2017-05-17 09:1 2:48
2	11	24.7	28.8	93.3		9	2017-05-17 09:12:49
3	53	25.2	40.4	90.8		9	2017-05-17 09:12:52
4	6	25.1	31.2	140.8		3	2017-05-17 09:12:54
5	13	25.1	31.2	140.8		3	2017-05-17 09:13:00
6	12	24.9	33.4	64.1		3	2017-05-17 09:12:51
7	51	24.9	49	107.4		3	2017-05-17 09:12:48
8	20	100.6	832.3	176.6	0.7	3	2017-05-17 09:12:57

图 11.8　传感器数据感知界面

11.3.2　受灾群体移动行为分析界面

图 11.9 显示了热点区域分析界面。热点区域分析需要先点击加载数据选项框从数据库加载行为轨迹数据，之后进入地图界面，可以自行输入要分析的时段。该地图界面使用的是百度地图，放大缩小与百度地图的执行方式相同，可以双击或滚动鼠标，也可以直接点击右下角的比例尺。

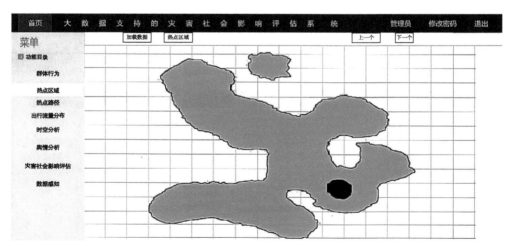

图 11.9　热点区域分析界面

出行流量分布主要是基于热点区域的结果做进一步的分析计算所得的，点击某一热点区域，显示了这一热点区域对其他区域的出行量分布的百分比，具体数值标记在地点之间的连线上。图 11.10 是最大的热点区域对其他区域的出行量分布值。

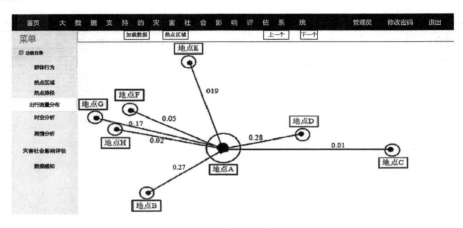

图 11.10　出行流量分布界面

11.3.3　灾情时空分布界面

灾情时间分布主要显示随着时间的演变，灾害的关注点的变化程度，通过一些灾害描述词汇来体现关注焦点。图 11.11 是"曲靖矿难"发生后 2015 年 4 月 7 日到 6 月 1 日，网络上对该灾害事件的关注点的变化过程，刚开始是事故发生地、事故类型，而随着事件的发酵，公众对遇难人员、救援及事故原因的关注度开始上升，随着时间的推移，灾害的公众关注度直线下降，人们的关注焦点发生改变，基本不再关注该灾害事件。

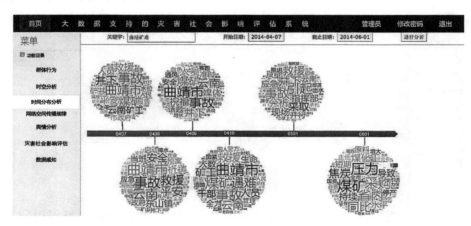

图 11.11　灾情时间分布分析界面

11.3.4　灾害舆情分析界面

图 11.12 主要描述了 2015 年 5 月 10 日到 6 月 10 日这一个月随着时间演化网络用户对南方暴雨洪涝灾害事件的评论次数的变化情况。

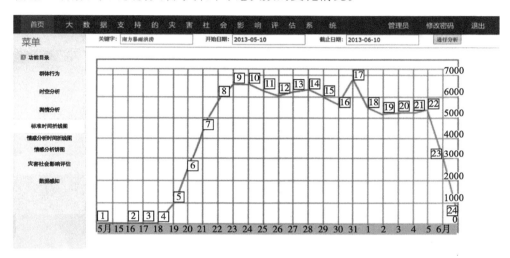

图 11.12　舆情分析标准时间折线图界面

图 11.13 主要描述了 2015 年 5 月 10 日到 6 月 10 日这一个月随着时间演化，网络用户对南方暴雨洪涝灾害事件的情感变化情况，情感的变化通过用户对该事件的评论来体现。

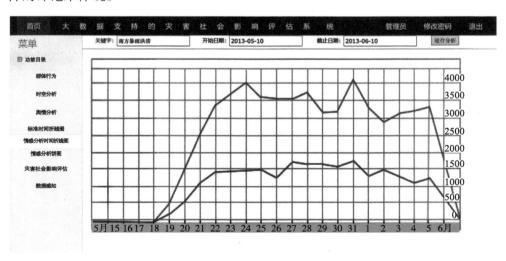

图 11.13　情感分析时间折线图界面

　　图 11.14 主要是网络用户在该时间段内对南方暴雨洪涝灾害事件的情感分布情况，主要分为褒义、贬义和中性。从图中可以看出该事件获得的正面评价比较多。

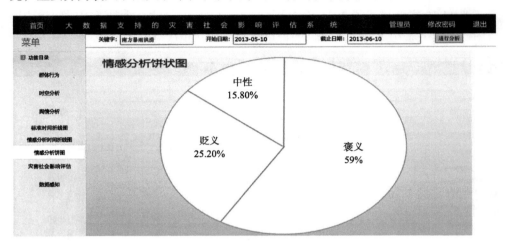

图 11.14　情感分析饼图界面

11.3.5　灾害社会影响评估界面

　　图 11.15 主要是从微博中抽取出与灾害社会影响相关的指标，图 11.16 显示的是"盐城龙卷风"2016 年 6 月 23 日至 6 月 29 日灾害发生一周时间内六种不同死亡人数指标的时间分布特征。

盐城龙卷风	06/23/2016	06/23/2017	指标抽取
	2016/6/23	16:16	已造成51人死亡
	2016/6/23	17:37	已造成51人死亡
	2016/6/23	18:00	人数增至51人
	2016/6/23	18:16	已造成51人死亡
	2016/6/23	18:16	已有51人死亡
	2016/6/23	18:16	已有51人死亡
	2016/6/23	18:16	已经造成10人死亡
	2016/6/23	18:24	已有51人死亡
	2016/6/23	18:24	已经造成10人死亡
	2016/6/23	18:24	已造成10人死亡
	2016/6/23	18:24	目前已有10人死亡
	2016/6/23	18:24	目前已有7人死亡
	2016/6/23	18:24	目前已有7人死亡
	2016/6/23	18:24	目前已有7人死亡
	2016/6/23	18:24	有7人死亡

图 11.15　指标抽取结果界面

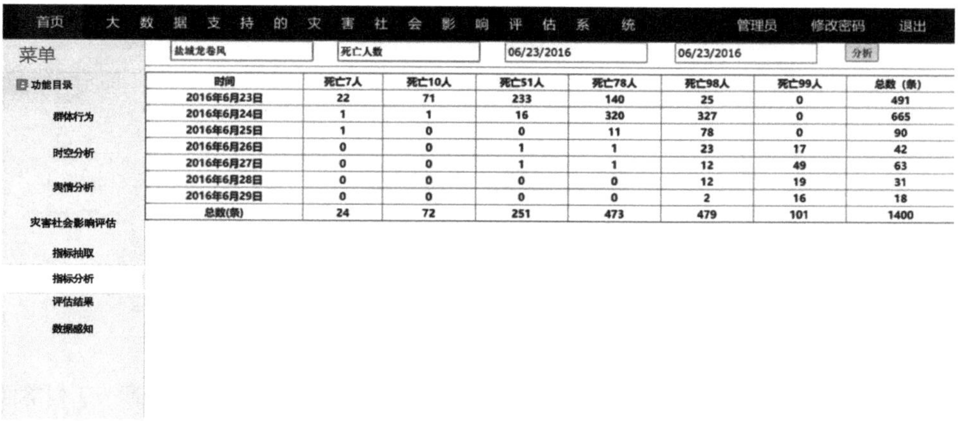

时间	死亡7人	死亡10人	死亡51人	死亡78人	死亡98人	死亡99人	总数（条）
2016年6月23日	22	71	233	140	25	0	491
2016年6月24日	1	1	16	320	327	0	665
2016年6月25日	1	0	0	11	78	0	90
2016年6月26日	0	0	1	1	23	17	42
2016年6月27日	0	0	1	1	12	49	63
2016年6月28日	0	0	0	0	12	19	31
2016年6月29日	0	0	0	0	2	16	18
总数(条)	24	72	251	473	479	101	1400

图 11.16　指标分析界面

图 11.17 显示的是“盐城龙卷风”2016 年 6 月 23 日至 6 月 24 日时间段选取了三个灾害社会影响指标值差异比较大的时间点给出的灾害等级评估结果。

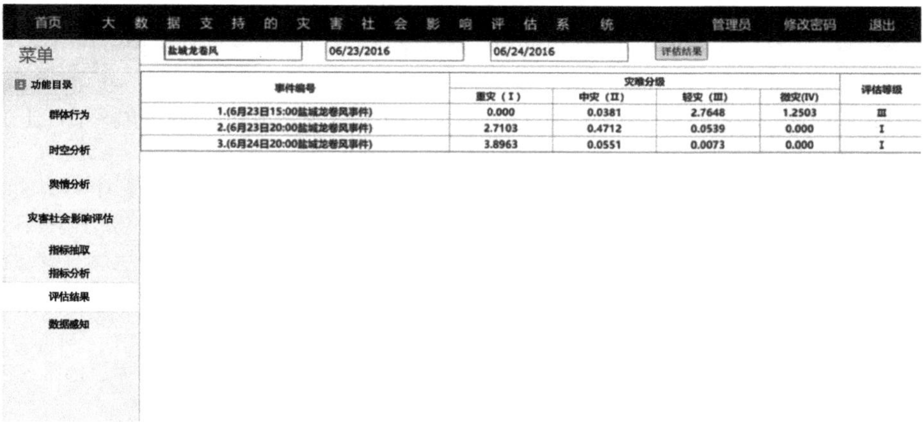

事件编号	灾难分级				评估等级
	重灾（Ⅰ）	中灾（Ⅱ）	轻灾（Ⅲ）	微灾(Ⅳ)	
1.(6月23日15:00盐城龙卷风事件)	0.000	0.0381	2.7648	1.2503	Ⅲ
2.(6月23日20:00盐城龙卷风事件)	2.7103	0.4712	0.0539	0.000	Ⅰ
3.(6月24日20:00盐城龙卷风事件)	3.8963	0.0551	0.0073	0.000	Ⅰ

图 11.17　评估结果界面

11.4　本 章 小 结

本章主要阐述了大数据支持的灾害社会影响动态评估系统设计与实现，包括整体框架、关键技术、主要界面设计等三个部分。在主要界面设计部分，重点展示了数据感知、移动行为分析、灾情时空分布、灾情舆情分析及灾害社会影响评估等几个部分。

参 考 文 献

安永林, 彭立敏, 杨高尚. 2006. 隧道火灾后衬砌损伤的灰色综合评判[J]. 地下空间与工程学报, (2): 284-287, 297.

卜风贤. 1996. 灾害分类体系研究[J]. 灾害学, 11 (1): 6-10.

常城扬, 王晓东, 张胜磊. 2020. 基于深度学习方法的对特定群体推特的动态政治情感极性分析研究[J]. http://kns.cnki.net/kcms/detail/10.1478.G2.20201125.1046.002.html[2020-12-11].

陈刚. 2005. 盐城市淮河流域洪涝灾害损失评估的模糊聚类分析[J]. 江苏水利, (8): 24-26.

陈洪富. 2013. HAZ-China 地震灾害损失评估系统设计及初步实现[J]. 国际地震动态, (3): 45-47.

陈敏刚, 董军, 张丽亮, 等. 2006. AHP 和模糊综合评判在灾难恢复能力评估中的应用[J]. 计算机工程, 32 (18): 135-137, 140.

陈善雄, 徐海滨, 秦尚林, 等. 2005. 层次分析法在斜坡失稳灾害预测评估中的应用[J]. 土工基础, 19 (4): 33-35.

陈尚云, 杜文. 2003. 我国大城市用地形态与交通发展模式的研究[J]. 系统工程, 21 (3): 53-57.

陈升, 孟庆国, 胡鞍钢. 2009. 汶川地震受灾群众主要需求及相关特征实证研究[J]. 学术界, (5): 17-29.

陈文凯, 周中红, 张灿, 等. 2020. 新一代区域地震灾害快速评估系统设计与实现——以甘肃省为例[J]. 地震工程学报, 42 (6): 1683-1692.

陈香, 沈金瑞, 陈静. 2007. 灾损度指数法在灾害经济损失评估中的应用——以福建台风灾害经济损失趋势分析为例[J]. 灾害学, 22 (2): 31-35.

陈晓东. 2012. 基于情感词典的中文微博情感倾向分析研究[D]. 武汉: 华中科技大学.

邓云峰, 郑双忠. 2006. 城市突发公共事件应急能力评估——以南方某市为例[J]. 中国安全生产科学技术, (2): 9-13.

丁香, 王晓青, 王龙, 等. 2011. 地震巨灾风险评估系统的研制与应用[J]. 震灾防御技术, 6 (4): 454-460.

董惠娟, 李小军, 杜满庆, 等. 2007. 地震灾害心理伤害的相关问题研究[J]. 自然灾害学报, 16 (1): 153-158.

杜洪涛, 王君泽, 李婕. 2017. 基于多案例的突发事件网络舆情演化模式研究[J]. 情报学报, 36 (10): 1038-1049.

杜帅楠, 陈安. 2011. 网络公众关注度的走势、原因及其在渤海溢油事件中的应用研究[J]. 科技促进发展, (7): 16-22.

杜一. 1988. 灾害与灾害经济[M]. 北京：中国城市经济社会出版社.

段华明, 何阳. 2016. 大数据对于灾害评估的建构性提升[J]. 灾害学, 31（1）：188-192.

范维澄. 2020. 安全韧性城市发展趋势[J]. 劳动保护,（3）：20-23.

范维澄, 翁文国. 2019. 科学家谈管理科学重要方向-国家安全与应急管理[J]. 科学观察, 14（5）：23-26.

范文, 刘雪梅, 高德彬, 等. 2001. 主成分分析法在地质灾害危险性综合评价中的应用[J]. 西安工程学院学报, 23（4）：53-57.

冯登国, 张敏, 李昊. 2014. 大数据安全与隐私保护[J]. 计算机学报, 37（1）：246-258.

冯利华, 程归燕. 2000. 基于信息扩散理论的地震风险评估[J]. 地震学刊, 20（1）：19-22.

冯平, 崔广涛, 钟昀. 2001. 城市洪涝灾害直接经济损失的评估与预测[J]. 水利学报, 32（8）：64-68.

冯平, 钟翔, 张波. 2000. 基于人工神经网络的干旱程度评估方法[J]. 系统工程理论与实践, 20（3）：141-144.

冯琦森. 2016. 基于出租车轨迹的居民出行热点路径和区域挖掘[D]. 重庆：重庆大学.

冯时, 景珊, 杨卓, 等. 2013. 基于 LDA 模型的中文微博话题意见领袖挖掘[J]. 东北大学学报（自然科学版）, 34（4）：490-494.

付璇. 2008. 我国政府危机管理绩效评估体系研究[D]. 杭州：浙江大学.

高杰, 冯启民, 莫善军. 2005. 城市地震灾害预测及其信息管理通用程序研究[J]. 世界地震工程, 21（1）：75-80.

高强, 张凤荔, 王瑞锦, 等. 2017. 轨迹大数据：数据处理关键技术研究综述[J]. 软件学报, 28（4）：959-992.

龚晓芳, 李曙光, 倪明松. 2017. 盐城"6·23"特大龙卷风冰雹灾后农居建设规划探讨[J]. 西部人居环境学刊, 32（3）：109-113.

郭迟, 刘经南, 方媛, 等. 2014. 位置大数据的价值提取与协同挖掘方法[J]. 软件学报, 25（4）：713-730.

国家减灾委办公室. 2013. 灾害信息员培训教材[M]. 北京：中国社会出版社.

郭强. 1990. 建立灾害社会学刍议[J]. 许昌学院学报,（2）：6-10.

国务院扶贫办贫困村灾后恢复重建工作办公室. 2010. 灾害对贫困影响评估指南[M]. 北京：中国财政经济出版社.

韩伟. 2008. 汶川地震灾后重建需求评估和建议[J]. 农村经济,（12）：54-56.

侯遵泽, 杨瑞. 2004. 基于层次分析方法的城市火灾风险评估研究[J]. 火灾科学, 13（4）：203-208, 200.

扈海波, 王迎春. 2007. 采用层次分析模型的城市气象灾害风险评估[C]. 广州：中国气象学会2007年年会.

胡庆武, 王明, 李清泉. 2014. 利用位置签到数据探索城市热点与商圈[J]. 测绘学报, 43（3）：314-321.

胡秀英, 龙纳, 刘祚燕. 2012. 灾害护理学科的构建与发展[J]. 中华现代护理杂志, 18（2）：125-127.

黄承伟, 彭善朴. 2010.《汶川地震灾后恢复重建总体规划》实施社会影响评估[M]. 北京：社会科学文献出版社.

黄崇福. 2005. 自然灾害风险评价理论与实践[M]. 北京：科学出版社.

黄发良，于戈，张继连，等. 2017. 基于社交关系的微博主题情感挖掘[J]. 软件学报，28（3）：694-707.

黄顺伦，杜春，宋宝泉，等. 2017. 出租车数据的城市道路网路段通行时间估计方法[J]. 智能系统学报，12（6）：790-798.

黄涛珍，王晓东. 2003. BP 神经网络在洪涝灾损失快速评估中的应用[J]. 河海大学学报（自然科学版），31（4）：457-460.

黄越，李涛. 2015. 大数据时代的灾难信息管理[J]. 南京邮电大学学报（自然科学版），35（6）：68-76.

纪燕新，熊艺媛，麻荣永. 2007. 风暴潮灾害损失评估的模糊综合方法[J]. 广西水利水电，（2）：16-19，28.

姜连瑞. 2011. 火灾中被困人员的心理分析及干预[J]. 消防技术与产品信息，（2）：62-66.

金菊良，魏一鸣，杨晓华. 1998. 基于遗传算法的洪水灾情评估神经网络模型探讨[J]. 灾害学，13（2）：6-11.

赖德莲. 2007. 泥石流危险性的灰色综合评价模型[J]. 科技资讯，（13）：220-221.

李保利，陈玉忠，俞士汶. 2003. 信息抽取研究综述[J]. 计算机工程与应用，（10）：1-5，66.

李春梅，罗晓玲，刘锦銮，等. 2006. 层次分析法在热带气旋灾害影响评估模式中的应用[J]. 热带气象学报，22（3）：223-228.

李东科. 2008. 我国政府危机管理绩效评估研究[D]. 贵阳：贵州大学.

李国杰，程学旗. 2012. 大数据研究：未来科技及经济社会发展的重大战略领域——大数据的研究现状与科学思考[J]. 中国科学院院刊，27（6）：647-657.

李华燊，陈蓓蓓，侯伟伟. 2011. 汶川重建的“文化堕距”现象分析——基于社会影响评估的视角[J]. 城市发展研究，18（6）：59-64.

李萍，陶夏新，颜世菊. 2007. 基于 3S 技术的震害快速评估[J]. 自然灾害学报，16（3）：109-113.

李强，史玲玲，叶鹏飞，等. 2010. 探索适合中国国情的社会影响评价指标体系[J]. 河北学刊，30（1）：106-112.

李树桢，贾相玉，朱玉莲. 1995. 震害评估软件 EDEP-93 及其在普洱地震中的应用[J]. 自然灾害学报，4（1）：39-46.

李兴之. 2016. 基于平衡计分卡的海南省自然灾害应急管理绩效评估研究——以“威马逊”超强台风为例[D]. 海口：海南大学.

李振军，代强强，李荣华，等. 2018. 多维图结构聚类的社交关系挖掘算法[J]. 软件学报，29（3）：839-852.

李志刚. 2012. 大数据：大价值、大机遇、大变革[M]. 北京：电子工业出版社.

廖洁明. 2009. 突发事件应急管理绩效评估研究[D]. 广州：暨南大学.

刘传铭，王玲. 2006. 政府应急管理组织绩效评测模型研究[J]. 哈尔滨工业大学学报（社会科学版），8（1）：64-68.

刘非凡，赵军，吕碧波，等. 2006. 面向商务信息抽取的产品命名实体识别研究[J]. 中文信息学报，20（1）：7-13.

刘海松，范敏，倪万魁，等. 2005. 灰色关联度法在公路地质灾害危险性评价中的应用[J]. 水文地质工程地质，32（3）：32-34.

刘加龙，吕希奎，刘贵应. 2001. 模糊综合评判法在泥石流灾度评价中的应用[J]. 地质科技情报，20（4）：86-88.

刘佳燕. 2006. 社会影响评价在我国的发展现状及展望[J]. 国外城市规划，21（4）：77-81.

刘家养. 2017. 台风与区域经济损失关联性评价——以广西为例[J]. 技术经济与管理研究,（11）：118-123.

刘军，谭明，宋立军，等. 2019. 基于 ShakeMapCNST 的 2017 年精河 6.6 级地震灾害快速评估[J]. 中国地震，35（2）：381-388.

刘利平，陈健，张礼平. 2006. 应用模糊聚类方法制作韩江洪水预测[J]. 水文，26（1）：60-62.

刘群，李素建. 2002. 基于《知网》的词汇语义相似度计算[C]. 台北：第三届汉语词汇语义学研讨会.

刘伟东，扈海波，程丛兰，等. 2007. 灰色关联度方法在大风和暴雨灾害损失评估中的应用[J]. 气象科技，35（4）：563-566.

刘伟平. 1995. 交通 OD 表的实用计算模型[J]. 中国公路学报，8（3）：18-24.

刘晓东，马强，邓忠军，等. 2011. 突发事件的地理信息定位匹配方法研究[J]. 地理信息世界，9（3）：34-37.

刘益. 2007. 论网络公众关注度[J]. 新西部（下半月），（3）：217.

刘毅. 2007. 网络舆情研究概论[M]. 天津：天津人民出版社.

刘志明，刘鲁. 2012. 基于机器学习的中文微博情感分类实证研究[J]. 计算机工程与应用，48（1）：1-4.

刘自如. 2013. 吉林八宝矿难三成伤亡者为高管为保矿擅自救援[J]. 安全与健康，（5）：30-31.

娄德成，姚天昉. 2006. 汉语句子语义极性分析和观点抽取方法的研究[J]. 计算机应用，26(11)：2622-2625.

陆锋，刘康，陈洁. 2014. 大数据时代的人类移动性研究[J]. 地球信息科学学报，16(5)：665-672.

罗培. 2005. 基于 GIS 的地质灾害风险评估信息系统探讨——以重庆市为例[J]. 灾害学，20(4)：57-61.

罗元华. 1997. 论自然灾害的基本属性与减灾基本原则[J]. 中国地质灾害与防治学报，8（1）：2-7.

罗祖德，于川江. 2015. 人类与灾害——大自然也任性[M]. 上海：上海科学普及出版社.

吕楠，罗军勇，刘尧，等. 2009. 基于话题三层结构模型的话题演化分析算法[J]. 计算机工程，35（23）：71-72，75.

马德富，刘秀清. 2007. 论自然灾害的社会属性及防灾减灾对策——兼论发展防灾减灾农业[J]. 农业现代化研究，28（5）：597-600.

马添翼. 2007. 事故应急管理及其成熟度评价[D]. 天津：天津大学.

马云飞. 2014. 基于出租车轨迹点的居民出行热点区域与时空特征研究——以昆山市为例[D]. 南京：南京师范大学.

孟小峰，慈祥. 2013. 大数据管理：概念、技术与挑战[J]. 计算机研究与发展，50（1）：146-169.

米慧. 2011. 煤矿工人事故心理三重控制研究[D]. 阜新：辽宁工程技术大学.

莫娇，廖斌，徐少波，等. 2015. 基于移动互联技术的公共自行车租赁系统设计[J]. 科技创新与应用，（20）：31-32.

潘华盛，张桂华，董淑华. 2000. 黑龙江省洪水灾害等级评估模型——模糊综合评价法[J]. 黑龙江气象，（2）：1-4, 14.

尚志海. 2017. 城市自然灾害前瞻性风险管理与绩效评估[J]. 灾害学，32（2）：1-6.

邵堃，杨春磊，钱立宾，等. 2014. 基于模式匹配的结构化信息抽取[J]. 模式识别与人工智能，27（8）：758-768.

沈黎. 2009. 灾后重建中的青少年需求评估——以都江堰幸福家园安置点为个案[J]. 上海青年管理干部学院学报，（1）：53-55.

石飞，陆振波. 2008. 出行距离分布模型及参数研究[J]. 交通运输工程学报，8（2）：110-115.

石立兴. 2015. 基于CDRs大数据的用户移动性分析[D]. 合肥：中国科学技术大学.

史培军，袁艺. 2014. 重特大自然灾害综合评估[J]. 地理科学进展，33（9）：1145-1151.

宋乃平. 1992. 灾害和灾害学体系及其研究方法[J]. 自然杂志，（2）：118-120.

宋晓宇，许鸿斐，孙焕良，等. 2013. 基于签到数据的短时间体验式路线搜索[J]. 计算机学报，36（8）：1693-1703.

苏锦星. 1997. 模糊聚类分析及其在水库诱发地震研究中的应用[J]. 水利水电技术，28（6）：18-23.

孙彩云. 2019. 基于IOM模型的暴雨灾害经济损失评估系统设计[J]. 现代电子技术，42（24）：75-78.

孙承杰，关毅. 2004. 基于统计的网页正文信息抽取方法的研究[J]. 中文信息学报，18（5）：17-22.

孙绍骋. 2001. 灾害评估研究内容与方法探讨[J]. 地理科学进展，20（2）：122-130.

孙峰. 2008. 城市自然灾害定量评估方法及应用[D]. 青岛：中国海洋大学.

谭小群，陈国华. 2010. 政府跨区域突发事件应急管理能力评估研究[J]. 灾害学，25（4）：133-138.

田依林，杨青. 2008. 突发事件应急能力评价指标体系建模研究[J]. 应用基础与工程科学学报，16（2）：200-208.

铁永波，唐川，周春花. 2006. 城市灾害应急能力评价研究[J]. 灾害学，21（1）：8-12.

童庆杰，权高峰，邵力. 2004. 火灾事故中人的心理及行为分析[J]. 合肥工业大学学报（社会科学版），18（3）：159-162.

王宝华，付强，谢永刚，等. 2007. 国内外洪水灾害经济损失评估方法综述[J]. 灾害学，22（3）：95-99.

汪秉宏，周涛，周昌松. 2012. 人类行为、复杂网络及信息挖掘的统计物理研究[J]. 上海理工大学学报，34（2）：103-117.

王丙坤，黄永峰，李星. 2015. 基于多粒度计算和多准则融合的情感分类[J]. 清华大学学报（自然科学版），55（5）：497-502.

王东明，张文霞. 2011. 灾害社会影响评估框架研究[J]. 中国减灾，（5）：42-43.

王国良. 2006. 层次分析法在地质灾害危险性评估中的应用[J]. 西部探矿工程，18（9）：286-288.

玉莲芬，许树柏. 1990. 层次分析法引论[M]. 北京：中国人民大学出版社.

王锐兰. 2009. 政府应急管理的绩效评价指标体系研究[J]. 安徽大学学报（哲学社会科学版），33（1）：35-39.

王晓青，丁香. 2004. 基于 GIS 的地震现场灾害损失评估系统[J]. 自然灾害学报，13（1）：118-125.

王芝辉，王晓东. 2020. 基于神经网络的文本分类方法研究[J]. 计算机工程，46（3）：11-17.

魏海宁，周伟灿，刘佳音. 2011. 灰色关联度方法在灾害性天气评估中的应用研究[J]. 安徽农业科学，39（2）：976-977，980.

魏一鸣，万庆，周成虎. 1997. 基于神经网络的自然灾害灾情评估模型[J]. 自然灾害学报，6（2）：1-6.

乌兰，孙仲益，郭恩亮，等. 2014. 草原雪灾社会影响评价指标体系与概念模型[C]. 呼和浩特：风险分析和危机反应中的信息技术——中国灾害防御协会风险分析专业委员会第六届年会.

吴红华，李正农. 2006. 灾害损失评估的区间数模糊综合评判方法[J]. 自然灾害学报，15（6）：149-153.

吴吉东. 2018. 经济学视角的自然灾害损失评估理论与方法评述[J]. 自然灾害学报，27（3）：188-196.

吴吉东，何鑫，王菜林，等. 2018. 自然灾害损失分类及评估研究评述[J]. 灾害学，33（4）：157-163.

吴先华，周蕾，吉中会，等. 2017. 城市暴雨内涝灾害经济损失评估系统开发研究——以深圳市龙华新区为例[J]. 自然灾害学报，26（5）：71-82.

伍国春. 2012. 日本近现代地震及其次生灾害的社会影响[J] 地震学报，34（3）：408-414.

武姗姗. 2020. 基于深度学习模型的文本情感分类研究[D]. 鞍山：辽宁科技大学.

谢建东. 2010. 走进西方灾害心理研究世界——《灾害心理健康研究方法》评介[J]. 中国减灾，（11）：54-55.

谢丽星，周明，孙茂松. 2012. 基于层次结构的多策略中文微博情感分析和特征抽取[J]. 中文信息学报，26（1）：73-83.

谢振东，刘雪琴，吴金成，等. 2018. 公交 IC 卡数据客流预测模型研究[J]. 广东工业大学学报，35（1）：16-22.

徐海量，陈亚宁. 2000. 洪水灾害等级划分的模糊聚类分析[J]. 干旱区地理，23（4）：350-352.

徐军，丁宇新，王晓龙. 2007. 使用机器学习方法进行新闻的情感自动分类[J]. 中文信息学报，21（6）：95-100.

徐琳宏，林鸿飞，赵晶. 2008. 情感语料库的构建和分析[J]. 中文信息学报，22（1）：116-122.

徐新良，江东，庄大方，等. 2008. 汶川地震灾害核心区生态环境影响评估[J]. 生态学报，28（12）：5899-5908.

许飞琼. 1998. 灾害统计学[M]. 长沙：湖南人民出版社.

许硕，刘小娜. 2019. 基于 DEMATEL 与 F-ANP 的突发事件应急管理评估[J]. 软件导刊，18（7）：69-74.

许闲，张彧. 2017. 自然灾害损失评估：联合国框架、评价与案例[J]. 数量经济技术经济研究，34（8）：137-149.

杨洪涛，余雅婷. 2009. 基于 BSC 和 AHP 的中国政府危机管理绩效评测研究——以 5·12 汶川地震为例[J]. 科技管理研究，29（5）：153-156.

杨挺. 2000. 城市局部地震灾害危害性指数（ULEDRI）及其在上海市的应用[D]. 北京：中国地震局地球物理研究所.

杨晓华，杨志峰，沈珍瑶，等. 2004. 基于投影寻踪的洪水灾情评价插值模型研究[J]. 灾害学，

19（4）：1-6.

易燕明. 1998. 用灰色关联分析和主成分分析方法对旱灾等级进行综合评估[J]. 广东气象，（S2）：33-35.

游桂芝，鲍大忠. 2008. 灰色关联度法在地质灾害危险性评价指标筛选及指标权重确定中的应用[J]. 贵州工业大学学报（自然科学版），37（6）：4-8.

于庆东，沈荣芳. 1996. 灾害经济损失评估理论与方法探讨[J]. 灾害学，11（2）：10-14.

袁艺，张磊. 2006. 中国自然灾害灾情统计现状及展望[J]. 灾害学，21（4）：89-93.

昝红英，郭明，柴玉梅，等. 2010. 新闻报道文本的情感倾向性研究[J]. 计算机工程，36（15）：20-22.

张波，李洪斌，冯风，等. 1993. 农业灾害学刍论[J]. 西北农林科技大学学报（自然科学版），21（2）：1-6.

张风华，谢礼立. 2001. 城市防震减灾能力评估研究[J]. 自然灾害学报，10（4）：57-64.

张国庆. 2017. 灾害的基本概念与分类[EB/OL]. https://max.book118.com/html/2017/0726/124470154.shtm[2021-03-05].

张建忠，张永恒，严渭娜，等. 2013. 1990—2012年浙江省台风灾害的自然属性与社会属性特征[J]. 气象与减灾研究，36（4）：49-54.

张俊香，李平日，黄光庆，等. 2007. 基于信息扩散理论的中国沿海特大台风暴潮灾害风险分析[J]. 热带地理，27（1）：11-14.

张宽. 2020. 大数据环境下的轨迹数据查询优化技术研究[D]. 北京：北方工业大学.

张丽佳，刘敏，陆敏，等. 2010. 中国东南沿海地区台风危险性评价[J]. 人民长江，41（6）：81-83，91.

张舒，史秀志，赵艳艳，等. 2010. 我国灾害事故心理干预现状研究[C]. 长春："中国视角的风险分析和危机反应"——中国灾害防御协会风险分析专业委员会第四届年会.

张小明. 2006. 公共危机管理绩效评估的机制与指标体系分析[J]. 党政干部论坛，（12）：20-22.

张秀娟. 2017. 基于政务微博平台的自然灾害信息发布模式与公众关注度分析[D]. 合肥：中国科学技术大学.

赵海燕，姚晖. 2007. 基于平衡记分卡的公共卫生危机管理绩效评估方案设计[J]. 学术交流，（12）：86-89.

赵延东，邓大胜，李睿婕. 2010. 汶川地震灾区的社会资本状况分析[J]. 中国软科学，（8）：91-98.

赵艳林，杨绿峰，吴敏哲. 2000. 砂土液化的灰色综合评判[J]. 自然灾害学报，9（1）：72-79.

赵妍妍，秦兵，刘挺. 2010. 文本情感分析[J]. 软件学报，21（8）：1834-1848.

赵源，刘希林. 2005. 人工神经网络在泥石流风险评价中的应用[J]. 地质灾害与环境保护，16（2）：135-138.

郑锋凯. 2010. 无线传感器网络在地震区山地灾害监测中的应用研究[D]. 太原：太原理工大学.

郑家恒，王兴义，李飞. 2004. 信息抽取模式自动生成方法的研究[J]. 中文信息学报，18（1）：48-54.

郑宇，刘伟庆，邓民宪. 2002. 地震直接损失的多因素灰色关联分析[J]. 自然灾害学报，11（4）：106-111.

郑跃，贺金川，郑山锁，等. 2020. 中国地震灾害损失评估系统研究[J]. 自然灾害学报，29（4）：

34-42.

周洪建. 2017. 我国灾害评估系统建设框架与发展思路——基于尼泊尔实地调查的分析[J]. 灾害学, 32（1）: 166-171.

周霞. 2008. 汶川灾后恢复重建规划不能演变成城镇扩张蓝图[J]. 南方建筑, （6）: 29-31.

周妍. 2008. 陕西省突发事件应急管理的运行机理及绩效评价研究[D]. 西安: 西安理工大学.

朱晨曦, 晏王波. 2016. 基于微博签到的地理空间信息研究[J]. 地理空间信息, 14（5）: 28-30, 6.

朱毅华, 张超群, 郑德俊, 等. 2013. 基于信息生态学视角的网络舆情管理研究[J]. 情报理论与实践, 36（11）: 90-95.

祝明, 孙舟, 唐丽霞, 等. 2015. 灾害社会影响评估基本框架研究[J]. 自然灾害学报, 24（4）: 7-14.

Abacha A B, Zweigenbaum P. 2011. Medical entity recognition: a comparison of semantic and statistical method[C]. Portland: Proceedings of the 2011 Workshop on Biomedical Natural Language Processing, ACL-HLT.

Beaver D, Kumar S, Li H C, et al. 2010. Finding a needle in Haystack: facebook's photo storage[C]. Vancouver: Usenix Conference on Operating Systems Design & Implementation.

Blei D M, Ng A Y, Jordan M I. 2003. Latent dirichlet allocation[J]. Journal of Machine Learning Research, 3: 993-1022.

Bloom B H. 1970. Space/time trade-offs in hash coding with allowable errors[J]. Communications of the ACM, 13（7）: 422-426.

Burdge R J. 1994. A Community Guide to Social Impact Assessment[M]. Middleton, WI: Social Ecology Press.

Burdge R J, Vanclay F M. 1995. The Future Practice of Social Impact Assessment. Middleton: Social Ecology Press.

Chawla S, Zheng Y, Hu J F. 2012. Inferring the root cause in road traffic anomalies[C]. Brussels: Proceedings of the IEEE 12th International Conference on Data Mining（ICDM）.

Chen X H, Lu R P, Ma X X, et al. 2014. Measuring user similarity with trajectory patterns: principles and new metrics[C]. ChangSha: Proceedings of Asia-pacific Web Conference.

Chen X H, Pang J, Xue R. 2013. Constructing and comparing user mobility profiles for location-based services[C]. Coimbra: ACM Symposium on Applied Computing.

Chew C, Eysenbach G. 2010. Pandemics in the age of Twitter: content analysis of Tweets during the 2009 H1N1 outbreak[J]. PLoS One, 5（11）: e14118.

Chieu H L, Ng H T. 2002. A maximum entropy approach to information extraction from semi-structured and free text[C]. Edmonton : Proceedings of Eighteenth National Conference on Artificial Intelligence.

Cutter S L, Boruff B J, Shirley W L. 2003. Social vulnerability to environmental hazards[J]. Social Science Quarterly, 84（2）: 242-261.

de Montjoye Y A, Hidalgo C A, Verleysen M, et al. 2013. Unique in the crowd: the privacy bounds of human mobility[J]. Scientific Reports, 3: 1376.

Dean J, Ghemawat S. 2008. MapReduce: simplified data processing on large clusters[J]. Communications of the ACM，51（1）：107-113.

Ding Z X，Xia R，Yu J F，et al. 2018. Densely connected bidirectional LSTM with applications to sentence classification[C]. Hohhot：CCF International Conference on Natural Language Processing and Chinese Computing.

Drabczyk A. 2005. Citizen and emergency responder shared values：enabling mutual disaster management performance[J]. Prehospital and Disaster Medicine，20（S1）：27.

Erdik M，Şeşetyan K，Demircioğlu M B，et al. 2011. Rapid earthquake loss assessment after damaging earthquakes[J]. Soil Dynamics and Earthquake Engineering，31（2）：247-266.

Ester M，Kriegel H P，Sander J，et al. 1996. A density-based algorithm for discovering clusters in large spatial databases with noise[C]. Portland：Proceedings of the Second International Conference on Knowledge Discovery and Data Mining（KDD-96）.

Fang W，Luo Q，Govindaraju N K，et al. 2008. Mars：a MapReduce framework on graphics processors[C]. Toronto：Proceedings of International Conference on Parallel Architectures & Compilation Techniques.

Fiaidhi J，Mohammed O，Mohammed S，et al. 2012. Opinion mining over twitterspace：classifying tweets programmatically using the R approach[C]. Macao：Proceedings of IEEE Seventh International Conference on Digital Information Management.

Fiaz A S S，Asha N，Sumathi D，et al. 2016. Data visualization：enhancing big data more adaptable and valuable[J]. Internaltional Journal of Applied Engineering Research，11（4）：2801-2804.

Freitag D，McCallum A. 2000. Information extraction with HMM structures learned by stochastic optimization[C]. Austin：Proceedings of Seventeenth National Conference on Artificial Intelligence & Twelfth Conference on Innovative Applications of Artificial Intelligence.

Freitag D. 2000. Machine learning for information extraction in informal domains[J]. Machine Learning，39（2）：169-202.

Fritz C E. 1961. Disaster，Contemporary Social Problems[M]. New York：Harcourt Press.

Frolova N. 2009. Tools for earthquake impact estimations in near real time [EB/OL].http://www. weather.com.cn/zt/kpzt/1696696.shtml[2021-03-11].

Ghemawat S，Gobioff H，Leung S T. 2003. The Google file system[C]. New York：Proceedings of the 19th ACM Symposium on Operating Systems Principles.

Griffiths T L，Steyvers M. 2004. Finding scientific topics[J]. Proceedings of the National Academy of Sciences of the United States of America，101（Supplement 1）：5228-5235.

Grishman R. 1997. Information Extraction：Techniques and Challenges[M]. Berlin：Springer.

Hansart C，De Meyere D，Watrin P，et al. 2016. CENTAL at SemEval-2016 Task 12：a linguistically fed CRF model for medical and temporal information extraction[C]. San Diego：Proceedings of the 10th International Workshop on Semantic Evaluation.

Heimgärtner R，Kindermann H. 2012. Revealing cultural influences in human computer interaction by analyzing big data in interactions[C]. MaCau：Proceedings of International Conference on Active Media Technology.

Hristidis V，Chen S C，Li T，et al. 2010. Survey of data management and analysis in disaster situations[J]. Journal of Systems and Software, 83 (10): 1701-1714.

Jinman K. 2001. Probabilistic approach to evaluation of earthquake-induced permanent deformation of slopes[D]. Berkeley: Universtiy of California.

Jones B J. 2003. Assessment of emergency management performance and capability[D]. Bedfordshire: Cranfield University.

Kalchbrenner N, Grefenstette E, Blunsom P. 2014. A convolutional neural network for modeling sentences[C]. Baltimore: Proceedings of the 52nd Annual Meeting of the Association for Computational Linguistics.

Keim D, Qu H M, Ma K L. 2013. Big-data visualization[J]. IEEE Computer Graphics and Applications, 33 (4): 20-21.

KennedyA, Inkpen D. 2006. Sentiment classification of movie reviews using contextual valence shifters[J]. Computational Intelligence, 22 (2): 110-125.

Kim Y. 2014. Convolutional neural networks for sentence classification[C]. Doha: Proceedings of the 2014 Conference on Empirical Methods in Natural Language Processing.

Kreibich H, van den Bergh J C J M, Bouwer L M, et al. 2014. Costing natural hazards[J]. Nature Climate Change, 4 (5): 303-306.

Lai S, Xu L, Liu K, et al. 2015. Recurrent convolutional neural networks for text classification[C]. Austin: Proceedings of Twenty-Ninth AAAI conference on Artificial Intelligence.

Lynch C. 2008. Big data: how do your data grow?[J]. Nature, 455 (7209): 28-29.

Mazumdar P, Patra B K, Lock R, et al. 2016. An approach to compute user similarity for GPS applications[J]. Knowledge-Based Systems, 113: 125-142.

Moniruzzaman A B M, Hossain S A. 2013. NoSQL database: new era of databases for big data analytics classification, characteristics and comparison[J]. International Journal of Database Theory and Application, 6 (4): 1-14.

Norris F H, Friedman M J, Watson P J, et al. 2002. 60 000 disaster victims speak: part I. an empirical review of the empirical literature, 1981-2001[J]. Psychiatry: Interpersonal and Biological. Processes, 65 (3): 207-239.

Pan G, Qi G D, Wu Z H, et al. 2013. Land-use classification using taxi GPS traces[J]. IEEE Transactions on Intelligent Transportation Systems, 14 (1): 113-123.

Pang B, Lee L, Vaithyanathan S. 2002. Thumbs up?: sentiment classification using machine learning techniques[C]. Philadelphia: Proceedings of the 2002 Conference on Empirical Methods in Natural Language Processing.

Rao R R, Eisenber G J, Schmit T. 2007. Improving Disaster Management: The Role of IT in Mitigation, Preparedness, Response, and Recovery[M]. New York: National Academies Press.

Ripberger J T, Jenkins-Smith H C, Silva C L, et al. 2014. Social media and severe weather: do tweets provide a valid indicator of public attention to severe weather risk communication?[J]. Weather, Climate and Society, 6 (4): 520-530.

Sadilek A, Kautz HA, Silenzio V. 2012. Modeling spread of disease from social interactions[C]. Menlo Park: Proceedings of the 6th International AAAI Conference on Weblogs and Social

Media（ICWSM）.

Saggion H，Funk A，Maynard D，et al. 2007. Ontology-based information extraction for business intelligence[C]. Busan：Proceedings of International the Semantic Web & Asian Conference on Asian Semantic Web.

Schade U，Frey M. 2004. Beyond information extraction：the role of ontology in military report processing [EB/OL]. https://web-archive.southampton.ac.uk/cogprints.org/3895/1/Schade_Frey_4seitig_SW.pdf[2021-12-09].

Shan S. 2014. Big data classification：problems and challenges in network intrusion prediction with machine learning[J]. ACM Sigmetrics Performance Evaluation Review，41（4）：70-73.

Shi P J，Ye Q，Han G Y，et al. 2012. Living with global climate diversity：suggestions on international governance for coping with climate change risk[J]. International Journal of Disaster Risk Science，3（4）：177-184.

Shvachko K，Kuang H，Radia S，et al. 2010. The hadoop distributed file system[C]. In clinevillage：Proceedings of the 2010 IEEE 26th Symposium on Mass Storage Systems and Technologies.

Song C，Qu Z，Blumm N，et al. 2010. Limits of predictability in human mobility[J]. Science，327（5968）：1018-1021.

Song X，Zhang Q S，Sekimoto Y，et al. 2013. Modeling and probabilistic reasoning of population evacuation during large-scale disaster[C]. Chicago：Proceedings of the 19th ACM SIGKDD International Conference on Knowledge Discovery and Data Mining.

Su P，Shang C J，Shen Q. 2015. A hierarchical fuzzy cluster ensemble approach and its application to big data clustering[J]. Journal of Intelligent & Fuzzy Systems，28（6）：2409-2421.

Subasic P，Huettner A. 2000. Affect analysis of text using fuzzy semantic typing[J]. IEEE Transactions on Fuzzy Systems，9（4）：483-496.

Suthaharan S. 2014. Big data classification：problems and challenges in network intrusion prediction with machine learning[J]. Performance Evaluation Review，41（4）：70-73.

Tai K S，Socher R，Manning C D. 2015. Improved semantic representations from tree-structured long short-term memory networks [EB/OL].https://nlp.stanford.edu/pubs/tai-socher-manning-acl2015.pdf[2021-12-09].

Taylor C N，Bryan C H，Goodrich C C. 1990. Social assessment：theory，process and techniques[M]. New Zealand：Center for Resource Management，Lincoln University.

Teh Y W，Jordan M I，Beal M J，et al. 2005. Sharing clusters among related groups：hierarchical Dirichlet processes[C]. Philadelphia：Proceedings of Advances in Neural Information Processing System.

Turney P D. 2002. Thumbs up or thumbs down? Semantic orientation applied to unsupervised classification of reviews[C]. Ottawa：Proceedings of the 40th Annual of the Association for Computational Linguistics.

Ursano R J，Zhang L，Li H，et al. 2009. PTSD and traumatic stress from gene to community and bench to bedside[J]. Brain Research，1293：2-12.

Vanclay F. 2006. Principles for social impact assessment：a critical comparison between the international and US documents[J]. Environmental Impact Assessment Review, 26（1）: 3-14.

van Eck T, Giardini D, Bossu R, et al. 2008. Network of research infrastructures for European seismology（NERIES）[J]. Journal of the Royal Society of Arts,（4537）: 1243-1244.

Verma A, Cherkasova L, Kumar V S, et al. 2012. Deadline-based workload management for MapReduce environments: pieces of the performance puzzle[C]. Maui: Proceedings of the Network Operations and Management Symposium.

Wimalasuriya D C, Dou D J. 2010. Ontology-based information extraction: an introduction and a survey of current approaches[J]. Journal of Information Science archive, 36（3）: 306-323.

Xiao X Y, Zheng Y, Luo Q, et al. 2014. Inferring social ties between users with human location history[J]. Journal of Ambient Intelligence and Humanized Computing, 5（1）: 3-19.

Yang Z C, Yang D Y, Dyer C, et al. 2016. Hierarchical attention networks for document classification[C]. San Diego: Proceedings of the 2016 Conference of the North American Chapter of the Association for Computational Linguistics.

Ye Q, Zhang Z Q, Law R. 2009. Sentiment classification of online reviews to travel destinations by supervised machine learning approaches[J]. Expert Systems With Applications, 36（3）: 6527-6535.

Yeh C H, Loh C H, Tsai K C. 2006. Overview of Taiwan earthquake loss estimation system[J]. Natural Hazards, 37: 23-37.

Yin W P, Schütze H. 2016. Multichannel variable-size convolution for sentence classification[C]. Beijing: Proceedings of the Nineteenth Conference on Computational Natural Language Learning.

Ying J J C, Lu E H C, Lee W C, et al. 2010. Mining user similarity from semantic trajectories[C]. Beijing: Proceedings of International Workshop on Location Based Social Networks.

Yuan N J, Zheng Y, Zhang L H, et al. 2013. T-finder: a recommender system for finding passengers and vacant taxis[J]. IEEE Transactions on Knowledge and Data Engineering, 25（10）: 2390-2403.

Zaharia M, Xin R S, Wendell P, et al. 2016. Apache spark[J]. Communications of the ACM, 59（11）: 56-65.

Zhou C T, Sun C L, Liu Z Y, et al. 2015. A C-LSTM neural network for text classification[J]. Computer Science, 1（4）: 39-44.